高等学校计算机基础教育教材精选

网页设计与制作教程

陈军 孟薇薇 编著

清华大学出版社
北 京

内容简介

本书从实际应用的角度出发，讲解了 HTML、CSS、JavaScript 基本语法及其应用。全书共分 8 章，包括网页制作基础知识、HTML 基础知识、CSS 基础知识和 JavaScript 基础知识等内容。本书的突出点是引用了大量应用案例，通过“案例引导”，使学生和读者达到学以致用的目的，本书的案例素材可以从 http://www.tup.com.cn 下载。

本书既可以作为高校相关专业的教学用书，也可以作为网页设计爱好者学习网页设计的参考书。

图书在版编目（CIP）数据

网页设计与制作教程/陈军，孟薇薇编著．—北京：清华大学出版社，2017（2022.1重印）
（高等学校计算机基础教育教材精选）
ISBN 978-7-302-45736-7

Ⅰ．①网…　Ⅱ．①陈…　②孟…　Ⅲ．①网页制作工具－高等学校－教材　Ⅳ．①TP393.092

中国版本图书馆 CIP 数据核字(2016)第 286941 号

责任编辑：龙启铭
封面设计：常雪影
责任校对：李建庄
责任印制：朱雨萌

出版发行：清华大学出版社
网　　址：http://www.tup.com.cn，http://www.wqbook.com
地　　址：北京清华大学学研大厦 A 座　　**邮　　编**：100084
社 总 机：010-62770175　　**邮　　购**：010-83470235
投稿与读者服务：010-62776969，c-service@tup.tsinghua.edu.cn
质量反馈：010-62772015，zhiliang@tup.tsinghua.edu.cn
课件下载：http://www.tup.com.cn，010-83470236
印 装 者：三河市龙大印装有限公司
经　　销：全国新华书店
开　　本：185mm×260mm　　**印　　张**：14.25　　**字　　数**：345 千字
版　　次：2017 年 1 月第 1 版　　**印　　次**：2022 年 1 月第 3 次印刷
定　　价：29.00 元

产品编号：064794-01

前言

在信息化高速发展的今天，互联网已经成为世界上覆盖面最广、规模最大、信息资源最丰富的计算机网络。作为互联网的组成部分，网站得到了广泛的应用，为人们的工作、学习和生活提供快捷、方便的交流与协同平台。网页是网站的主要组成部分，网页设计与制作技术越来越受到关注，成为信息时代必备的技能之一。目前，网页设计与制作已经成为许多本科和专科院校计算机专业及越来越多的非计算机专业学生必须掌握的基本技能之一。

全教材分为8章，各章主要内容如下：第1章介绍网页制作基础知识；第2章了解HTML、CSS、JavaScript；第3章介绍HTML基础知识；第4章介绍HTML表格的应用；第5章介绍框架的应用；第6章介绍表单的应用；第7章介绍CSS基础知识；第8章介绍JavaScript基础知识。

本书是一本内容丰富、实用性较强的网页设计教程。本书注重网页设计基本知识的学习，且结合实例进行讲解。书中对操作过程中的每一个步骤都有详细的说明，并配有适当的图形，以帮助学生理解。

教材中的数据库素材可以从http://www.tup.com.cn下载。

本教材的编写分工如下：

第1章、第2章、第4章、第5章、第6章和第8章由陈军负责编写，第3章和第7章由孟薇薇负责编写。

编　者

2007年1月

目录

第1章 网页制作基础知识

随着Internet的迅速发展和日益普及，网页已经成为网络信息的表现和思想传播交流的主要形式。本章首先从Internet以及WWW基础知识开始，介绍网页与网站的概念，引入构成网页的基本元素，然后介绍目前流行的网页制作工具，最后介绍网站建设的流程。

1.1 网络基础知识

1.1.1 Internet简介

1. Internet起源

20世纪70年代初，美国国防部组建了一个叫ARPANET的网络(即Internet的前身)，其初衷是要避免网络中主服务器负担过重，一旦出问题，全网都要瘫痪的问题。于是基于网络总是不安全的这一假设，设计出Client/Server模式和IP地址通信技术。

Internet以相互交流信息资源为目的，基于一些共同的协议，并通过许多路由器和公共互联网而成，它是一个信息资源和资源共享的集合。

Internet为什么这么受欢迎呢？因为Internet在为人们提供计算机网络通信设施的同时，还为广大用户提供了非常友好的人人乐于接受的访问方式。Internet使计算机工具、网络技术和信息资源不仅被科学家、工程师和计算机专业人员使用，同时也为广大群众服务，进入非技术领域，进入商业领域，进入千家万户。Internet已经成为当今社会最有用的工具，它正在改变着我们的生活方式。

2. Internet的服务

Internet是一个集合了多种服务的平台，常用的服务有下面几种。

(1) WWW服务。WWW是一个集文本、图像、声音、影像等多种媒体的最大的信息发布服务，同时具有交互式服务功能，是目前用户获取信息的最基本手段。Internet的出现产生了WWW服务，而WWW的产生又迅速促进了Internet的发展。世界上越来越多的公司、企业、学校、组织和个人都建立了自己的Web页面，通过Web页面来为自己的部门或个人进行宣传或进行商业活动。

(2) 电子邮件(E-Mail)。E-Mail是网络用户之间实现快速、简便、高效、价廉的通信工具。与国内、国际长途电话的费用相比,电子邮件可以大大降低用户国际的通信费用,因而受到广大用户的喜爱。

(3) 文件传输FTP。FTP是由文件传送协议支持的,用于在Internet网上的两台计算机之间文件的互传。使用FTP几乎可以传送任何类型的文件,包括文本文件、二进制文件、图像文件、声音文件和数据压缩文件等。目前网络中公共的FTP站点都支持匿名访问,即在与之接通时,以anonymous作为用户名,不需要口令。

(4) 远程登录Telnet。远程登录在网络通信协议Telnet的支持下,使用户自己的计算机暂时成为远程计算机的一个终端。要在远程计算机上登录,首先要成为远程计算机系统的合法用户,并拥有相应的用户名和口令。一旦登录成功后,用户便可以实时使用远程计算机中对外开放的相应资源。

(5) 网络新闻Usenet。网络新闻(Usenet)是分门别类的,用户按照自己的需要,可以选择适合自己的新闻组,收看新闻或发表意见。网络新闻按照不同的专题分类组织,每一类为一个专题组,通常称为新闻组,其内部又分为若干子专题,子专题下面还可以有子专题,目前已经有成千上万的新闻组。

(6) 其他。Internet发展到今天,除了上述功能之外,Internet作为通信和信息双向交流的工具,已被很多领域所重视,一系列的网上服务系统相继产生,诸如电子商店、电子银行、电子影院、电子杂志、电子诊所、网络音乐会、数据库检索、网上广告、信息咨询等。

1.1.2 WWW简介

WWW是World Wide Web的缩写,中文名字常写作“万维网”,简称为Web。WWW是一个由许多互相链接的超文本组成的系统,可以通过互联网访问。在这个系统中,每个有用的事物,称为一个“资源”;并且由一个“统一资源定位符”(URL)标识;这些资源通过超文本传输协议(Hypertext Transfer Protocol)传送给用户,用户通过单击链接来获得资源。

WWW起源于欧洲粒子物理实验室(European Laboratory for Particle Physics),1989年3月实验室的研究员蒂姆·伯纳斯·李发现,随着研究发展,研究院里的文件不断更新,人员流动很大,很难找到相关的最新的资料。他借用了20世纪50年代出现的“超文本”的概念,提出了一个建议:服务器维护一个目录,目录的链接指向每个人的文件;每个人维护自己的文件,保证别人访问的时候总是最新的文档。这个提议文档现在依然可以在国际万维网组织W3C的网站上找到。

1989年3月,伯纳斯·李撰写了《关于信息化管理的建议》一文,文中描述了一个更加精巧的管理模型。1990年11月12日他和罗伯特·卡里奥合作提出了一个更加正式的关于万维网的建议,随后写了第一个网页以实现其想法。1991年8月6日,他在alt.hypertext新闻组上贴了万维网项目简介的文章。这一天也标志着因特网上万维网公共服务的首次亮相。

1993年4月30日,欧洲核子研究组织宣布万维网对任何人免费开放,并不收取任何费用。

万维网联盟(World Wide Web Consortium,W3C),又称W3C理事会。1994年10月在麻省理工学院(MIT)计算机科学实验室成立。万维网联盟的创建者是万维网的发明者蒂姆·伯纳斯·李。

万维网上有种类极其繁多的信息资源。说它种类多,有两层意思:一是WWW页面中包含的文件种类很多,有文本、声音、图像、动画等;二是指WWW页面中的信息涵盖了众多学科、众多领域,几乎无所不包。用户既可以在网上进行科学研究、查找学术论文、与知名学者探讨、发表学术文章,也可以在网上听音乐、看电影、与他人玩游戏,还可以在网上购物、做生意等。WWW成为目前Internet上最为流行的信息传播方式。

1.1.3 浏览器

通常所说的浏览器(browser)是对网页浏览器的简称,它是一种万维网服务的客户端浏览程序软件,可向万维网或局域网络服务器等发送各种请求,并对从服务器发来的超文本信息和各种多媒体数据格式进行解释、显示和播放。使用浏览器软件浏览者可迅速且轻易地浏览各种资讯,尽享网上冲浪的乐趣。

网页浏览器主要通过HTTP协议与网页服务器进行交互并获取网页。这些网页文件在互联网中的位置由URL指定,文件格式通常为HTML。一个网页文件中可以包括多个文档,每个文档都是分别从服务器获取的。大部分浏览器软件除HTML之外还支持广泛的格式,例如JPEG、PNG、GIF等图像格式,并且能够扩展支持众多的插件(plug-in)。另外,许多浏览器还支持其他的URL类型及其相应的协议,如FTP、Gopher、HTTPS(HTTP协议的加密版本)。HTTP内容类型和URL协议规范允许网页设计者在网页中嵌入图像、动画、视频、声音、流媒体等。

常见的网页浏览器有Internet Explorer浏览器、Firefox浏览器、Safari浏览器、Opera浏览器、Google Chrome浏览器、百度浏览器、搜狗浏览器、猎豹安全浏览器、360浏览器、UC浏览器等。浏览器是最常用的客户端程序。

1.1.4 IP地址

IP是英文Internet Protocol的缩写,意思是“网际互联协议”,也就是为计算机网络相互连接进行通信而设计的协议。在因特网中,它是能使连接到网上的所有计算机网络实现相互通信的一套规则,规定了计算机在因特网上进行通信时应当遵守的规则。任何厂家生产的计算机系统,只要遵守IP协议就可以与因特网互连互通。正是因为有了IP协议,因特网才得以迅速发展成为世界上最大的、开放的计算机通信网络。因此,IP协议也可以称为“因特网协议”。

Internet上的每台主机(Host)都有一个唯一的IP地址。IP协议就是使用这个地址在主机之间传递信息,这是Internet能够运行的基础。IP地址的长度为32位,分为4段,每段8位,用十进制数字表示,每段数字范围为0~255,段与段之间用句点隔开。例如,

159.226.1.1。IP 地址由两部分组成，一部分为网络地址，另一部分为主机地址。IP 地址分为 A、B、C、D、E 等 5 类，常用的是 B 和 C 两类。

IP 地址就像是我们的家庭住址一样，如果你要写信给一个人，你就要知道他(她)的地址，这样邮递员才能把信送到。计算机发送信息就好比是邮递员，它必须知道唯一的“家庭地址”才能不至于把信送错。只不过我们的地址使用文字来表示的，计算机的地址用二进制数字表示。

所有的 IP 地址都由国际组织 NIC(Network Information Center，网络信息中心)负责统一分配，目前全世界共有 3 个这样的网络信息中心。

- InterNIC：负责美国及其他地区。
- ENIC：负责欧洲地区。
- APNIC：负责亚太地区。

现有的互联网是在 IPv4 协议的基础上运行的。IPv6 是下一版本的互联网协议，也可以说是下一代互联网的协议，它的提出最初是因为随着互联网的迅速发展，IPv4 定义的有限地址空间将被耗尽，而地址空间的不足必将妨碍互联网的进一步发展。为了扩大地址空间，拟通过 IPv6 以重新定义地址空间。IPv4 采用 32 位地址长度，只有大约 43 亿个地址，满足不了发展需求，而 IPv6 采用 128 位地址长度，几乎可以不受限制地提供地址。

1.1.5 域名

1. 域名的含义

在互联网发展之初并没有域名，有的只是 IP 地址，由于 IP 地址是数字标识，使用时难以记忆和书写，因此在 IP 地址的基础上又发展出一种符号化的地址方案，来代替数字型的 IP 地址。这个与网络上的数字型 IP 地址相对应的字符型地址就称为域名。每一个符号化的地址都与特定的 IP 地址对应，这样网络上的资源访问起来比较方便。域名不仅便于记忆，而且即使在 IP 地址发生变化的情况下，通过改变解析对应关系，域名仍可保持不变。例如，清华大学的 IP 地址为 166.111.4.100，对应的域名为 www.tsinghua.edu.cn。在 Internet 上的任何一台计算机都必须有一个唯一的 IP 地址，但是对域名地址却不是这样的要求。对于有一个 IP 地址的计算机，它可以有不止一个域名地址和它相对应。

域名的注册遵循“先申请先注册”原则，管理机构对申请人提出的域名是否违反了第三方的权利进行审查。同时，每一个域名的注册都是独一无二、不可重复的。因此，在网络上，域名是一种相对有限的资源，它的价值将随着注册企业的增多而逐步为人们所重视。

2. 域名的结构

域名的结构是层次性的，域名是以若干英文字母和数字组成，中间有“.”分隔成几个层次，从右到左依次为顶级域、二级域、三级域等。例如，域名 sohu.com.cn 的顶级域为

cn,二级域为 com,三级域为 sohu。

顶级域名又分为两类:

(1) 国家顶级域名(national top-level domain names),目前 200 多个国家或地区都按照 ISO 3166 国家代码分配了顶级域名,如中国是 cn,美国是 us,日本是 jp 等。

(2) 国际顶级域名(international top-level domain names),例如,表示工商企业的 com,表示网络提供商的 net,表示非营利组织的 org 等。

在实际使用和功能上,国际顶级域名与国家顶级域名没有任何区别,都是互联网上的具有唯一性的标识。只是在最终管理机构上,国际顶级域名由美国商业部授权的互联网名称与数字地址分配机构(The Internet Corporation for Assigned Names and Numbers, ICANN)负责注册和管理,而国家顶级域名 cn 和中文域名系统则由中国互联网络信息中心(China Internet Network Information Center,CNNIC)负责注册和管理。

二级域名是指顶级域名之下的域名,在国际顶级域名下,它是指域名注册人的网上名称,例如 ibm、yahoo、Microsoft 等;在国家顶级域名下,它是表示注册企业类别的符号,例如 com、edu、gov、net 等。

中国在国际互联网络信息中心正式注册并运行的顶级域名是 cn,这也是中国的一级域名。在顶级域名之下,中国的二级域名又分为类别域名和行政区域名两类。

类别域名按照申请机构的性质划分:

- ac:科研机构。
- com:工业、商业、金融等企业。
- edu:教育机构。
- gov:政府部门。
- mil:军事机构。
- net:互联网络、接入网络的信息中心(NIC)和网络运行中心(NOC)。
- org:各种非营利性的组织。
- fm:电台、广播、音乐网站。
- info:提供信息服务的企业。
- pro:适用于医生、律师、会计师等专业人员的通用顶级域名。
- name:适用于个人注册的通用顶级域名。

行政区域名是按照中国的各个行政区划划分的,其划分标准依照原国家技术监督局发布的国家标准而定,包括“行政区域名”34 个,适用于中国的各省、自治区、直辖市和特别行政区,如. bj 代表北京,. sh 代表上海等。

三级域名用字母、数字和连接符(-)组成,各级域名之间用实点(.)连接,三级域名的长度不能超过 20 个字符。如无特殊原因,建议采用申请人的英文名(或缩写)或者汉语拼音名(或缩写)作为三级域名,以保持域名的清晰性和简洁性。

3. 域名服务器

有了域名的知识,对于记忆和辨认域名很有好处,但是 Internet 通信软件要求在发送和接收数据包时必须使用数字表示的 IP 地址,那么就必须有一种方法在两者之间进行转换，这个工作就由域名服务器(即 Domain Name Server，DNS)来完成。

DNS 是把域名翻译成 IP 地址的软件，运行在指定的计算机上，通过一个名为“解析”的过程将域名转换为 IP 地址，或者将 IP 地址转换为域名。DNS 把网络中的主机按照树形结构分成域(domain)和子域(subdomain)，子域名或主机名在上级域名结构中必须是唯一的。每一个子域都有域名服务器，它管理着本域的域名转换，各级服务器构成一棵树。这样，当用户找到该域名时，则返回 IP 地址；如果未找到，则分析域名，然后向相关的上级域名服务器发出申请；这样传递下去，直至有一个域名服务器找到该域名，返回 IP 地址，如果没有域名服务器能识别该域名，则认为该域名不可知，就访问不到相应的网站。

1.1.6 HTTP 协议

Internet 遵循的一个重要协议是 HTTP(Hypertext Transfer Protocol)超文本传输协议，所有的 WWW 文件都必须遵守这个标准。HTTP 是用于传输 Web 页的客户端/服务器协议。它详细规定了浏览器和万维网服务器之间互相通信的规则。当浏览器发出 Web 页请求时，此协议将建立一个与服务器的连接。当连接畅通后，服务器将找到请求页，并将它发送给客户端，信息发送到客户端后，HTTP 将释放此连接。此协议可以接受并服务大量的客户端请求。

1.1.7 URL

URL(Uniform Resource Locator)是“统一资源定位器”的英文缩写，是对可以从互联网上得到的资源的位置和访问方法的一种简洁表示，是互联网上标准资源的地址。互联网上的每个文件都有一个唯一的 URL，它包含的信息指出文件的位置以及浏览器应该怎么处理它。

URL 的一般格式为：

```
通信协议://服务器名称[:通信端口号]/文件夹 1[/文件夹 2…]/文件名
```

URL 由 3 部分组成：协议类型、主机名和路径及文件名。

1. 协议类型

协议(protocol)类型指定使用的传输协议。最常用的是 HTTP 协议，它也是目前 WWW 中应用最广的协议。下面列出 protocol 属性的有效方案名称：

- file，资源是本地计算机上的文件，格式为 file://。
- ftp，通过 FTP 访问资源，格式为 ftp://。
- gopher，通过 Gopher 协议访问资源。
- http，通过 HTTP 访问资源，格式为 http://。
- https，通过安全的 HTTPS 访问资源，格式为 https://。
- mailto，资源为电子邮件地址，通过 SMTP 访问，格式为 mailto:。

2. 主机名

主机名(hostname)是指存放资源的服务器的域名系统(DNS)机器名或 IP 地址。有时,在主机名前也可以包含连接到服务器所需的用户名和密码(格式为 username:password)。

3. 端口号

端口号(port)为整数,可选,省略时使用方案的默认端口,各种传输协议都有默认端口,如 HTTP 的默认端口为 80。如果输入时省略,则使用默认端口号。有时候出于安全或其他考虑,可以在服务器上对端口进行重定义,即采用非标准端口号,此时,在 URL 中就不能省略端口号这一项。

4. 路径

路径(path)由零或多个/符号隔开的字符串,一般用来表示主机上的一个目录或文件地址。

在 URL 语法格式中,除了协议名称及主机名称是绝对必须有的外,其余像通信端口编号、文件夹等都可以不要。例如 Http://www. logo. com/home/homepage. html,其中,http 是超文本传输协议,www. logo. com 是服务器名;home 是文件夹;homepage . html 是文件名。

1.2 网页与网站的基础知识

1.2.1 网页、网页文件和网站

网页是一个包含 HTML 标签的纯文本文件,它可以存放在世界某个角落的某一台计算机中,是万维网中的一"页",是超文本标签语言格式。网页要通过网页浏览器来阅读。网页是网站的基本信息单位,是 WWW 的基本文档,它由文字、图片、动画、声音等多种媒体信息以及链接组成,通过链接实现与其他网页或网站的关联和跳转。

网页文件是用 HTML 编写的,可在 WWW 上传输。它是能被浏览器识别显示的文本文件,其扩展名是. htm 或. html。

网站由众多不同内容的网页构成,网页的内容体现网站的全部功能,例如,新浪、网易、搜狐就是国内比较知名的大型门户网站。一个网站对应磁盘上的一个文件夹,网站的所有网页和其他资源文件都会放在该文件夹下或其子文件夹下,设计良好的网站通常是将网页文档及其他资源分门别类地保存在相应的文件夹中以方便管理和维护。这些网页通过链接组织在一起,其中有个网页称为首页或主页(homepage),首页是指一个网站打开后看到的第一个页面,它是一个网站的门面,是构成网站的最重要的网页,常命名为 index. htm,必须放在网站的根目录下。一般情况下,访问者在浏览器窗口的地址栏输入网站网址后，默认打开的就是网站的首页。

1.2.2 静态网页和动态网页

根据网页制作的语言不同可以把网页分为静态网页和动态网页。静态网页使用的语言是 HTML，动态网页使用的语言为 HTML＋ASP 或 HTML＋PHP 或 HTML＋JSP 等。

区分动态网页与静态网页的基本方法：第一看后缀名，静态网页每个网页都有一个固定的 URL，且网页 URL 以.htm、.html、.shtml 等常见形式为后缀；第二看是否能与服务器发生交互行为。具有交互功能的就是动态网页，例如，浏览者可以在页面留言，并提交到留言数据库，这就属于动态交互网页。

静态网页页面上的内容和格式一般不会改变，只有网络管理员根据需要进行页面的更新。而动态网页的内容随着用户的输入和互动而有所不同，或者随着用户、时间、数据修正等而改变。

静态网页虽然无法实现在线更新，但也可以出现各种动态的效果，如.GIF 格式的动画、Flash、滚动字幕等，但这些“动态效果”只是视觉上的，与动态网页是不同的概念。

如何决定网站建设是采用动态网页还是静态网页？静态网页和动态网页各有特点，网站采用动态网页还是静态网页主要取决于网站的功能需求和网站内容的多少。如果网站功能比较简单，内容更新量不是很大，采用静态网页的方式会更简单；反之一般要采用动态网页技术来实现。静态网页是网站建设的基础。

1.2.3 网页界面的构成

网页由 Logo、Banner、导航栏、内容栏、版尾五部分组成，如图 1-1 所示。

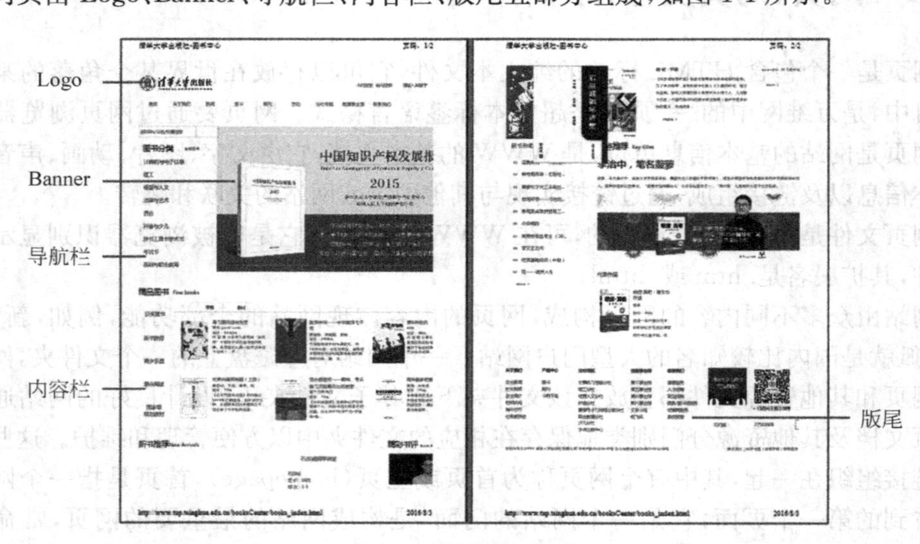

图 1-1 网页界面构成

1. Logo

网站 Logo 也称为网站标志，网站标志是一个站点的象征。如果说一个网站是一个企业的网上家园，那么 Logo 就是企业的名片，是网站的点睛之处。网站的标志应体现该网站的特色、内容及其内在的文化内涵和理念。成功的网站标志有着独特的形象标识，在网站的推广和宣传中将起到事半功倍的效果。

2. Banner

Banner 的本意是旗帜（横幅或标语），是互联网广告中最基本的广告形式。由于一般都将 Banner 广告条放置在网页的最上面，所以 Banner 广告条的广告效果可以说是最好的。Photoshop、Flash 等软件都可以用来制作 Banner，其中使用 Flash 制作出的广告效果最具冲击力。

3. 导航栏

导航栏是网页的重要组成元素，导航栏就像是网站的提纲一样，它统领着整个网站的各个栏目或页面。它的任务是帮助浏览者在站点内快速查找信息。为了让网站的访问者比较轻松地找到想要查看的网页内容，导航栏不仅要美观大方，而且还要方便易用。导航栏的形式多样，可以是简单的文字链接，也可以是设计精美的图片或是丰富多彩的按钮，还可以是下拉菜单导航。一般来说，网站中的导航位置在各个页面中出现的位置是比较固定的，一般在网站 Banner 的下面或是网页的顶部。

4. 内容栏

内容栏是网页的主体，它是展示网页内容最重要的部分，也是访问者最关心的内容，它的设计风格要由网页内容来决定，还要考虑访问者的感受。内容栏的表现形式有文本、图像、Flash 动画等多媒体元素。

文本是网页内容最主要的表现形式，文字虽然不如图像那样易于吸引浏览者的注意，但却能准确地表达信息的内容和含义；图像是文本的说明和解释，在网页适当位置放置一些图像，不仅可以使文本清晰易读，而且使得网页更加有吸引力；Flash 动画具有很强的视觉冲击力和听觉冲击力，借助 Flash 的精彩效果可以吸引浏览者的注意力，达到比以往静态页面更好的宣传效果。

5. 版尾

版尾是整个网页的收尾部分。这部分主要显示网站的版权信息，包括网站管理员的联系地址或电话、ICP 备案信息等内容以及为用户提供各种提示信息：另外版尾有时还会放一些友情链接。友情链接是指互相在自己的网站上放对方网站的链接，是进行互相宣传的一种方式。

1.3 网站制作常用软件

1.3.1 网页制作工具

网页制作工具按照其工作方式一般可以划分为两类：一类是直接编写 HTML 源代码的软件，例如 Windows 的记事本等。这类软件需要使用者熟练掌握 HTML 语言、JavaScript 客户端脚本语言以及 CSS 技术。另外一类就是“所见即所得”的网页编辑工具，这类软件一般提供了可视化的界面，使用者不需要手工编写 HTML 等代码，只要通过鼠标的拖曳，在出现的对话框或属性选项卡中输入相应的内容，软件就能自动生成 HTML 代码。这类软件使用较为广泛的有微软公司的 FrontPage、Macromedia 公司的 Dreamweaver 等。

1. 记事本

记事本是网页制作工具中最简单、快捷的软件，适合于熟悉 HTML 代码的设计者。记事本并不是网页开发者的首选工具，但确实是必备的辅助工具。

启动记事本软件，在记事本窗口输入下面的代码：

```
<html>
  <head>
    <title>欢迎光临我的网站!</title>
  </head>
  <body>你好!
  </body>
</html>
```

保存在指定路径下，取名为 index.htm（注意，文件的扩展名一定为 htm 或 html），然后用鼠标双击 index.htm 文件，在浏览器中即可预览其效果。

2. FrontPage

制作网页文件可以使用任何文本编辑工具，例如记事本等，但是这些工具需要制作者掌握 HTML 语言，对制作者的水平要求较高。目前用于网页制作的软件层出不穷，各软件公司都在争先推出自己的网页设计软件，其中比较著名的是微软公司的 FrontPage 和 Macromedia 公司的 Dreamweaver。

使用这些软件，降低了网页制作的难度，制作者不需掌握 HTML 语言就可直接对页面进行设计、排版，即以“所见即所得”的可视化方式制作网页。

FrontPage 是由微软公司推出的新一代 Web 网页制作工具。FrontPage 使网页制作者能够更加方便、快捷地创建和发布网页，具有直观的网页制作和管理方法，省去了大量工作。FrontPage 界面与 Word、PowerPoint 等软件的界面极为相似，为使用者带来了极大的方便，微软公司将 FrontPage 封装在 Office 中，成为 Office 家族的一员，使之功能更为强大。

3. Dreamweaver

Dreamweaver 是由 Macromedia 公司推出的一款软件，它具有可视化编辑界面，用户不必编写复杂的 HTML 源代码就可以生成跨平台、跨浏览器的网页，它不仅适合于专业网页编辑人员，同时也容易被业余网友们所掌握。另外，Dreamweaver 的网页动态效果与网页排版功能比一般的软件都好用，即使是初学者也能制作出相当于专业水准的网页，所以 Dreamweaver 是网页设计者的首选工具。

1.3.2 美化网页的基本工具

为了使制作的网页更为美观，用户在利用网页制作工具制作网页时，还需利用网页美化工具对网页进行美化。

1. Photoshop

Photoshop 是由 Adobe 公司开发的图形处理软件，是目前公认的 PC 上最好的通用平面美术设计软件，它功能完善、性能稳定、使用方便，所以在几乎所有的广告、出版、软件公司，Photoshop 都是首选的平面制作工具。

2. Fireworks

Fireworks 是由 Macromedia 公司开发的图形处理工具，它的出现使 Web 制图发生了革命性的变化，Fireworks 是第一套专门为制作网页图形而设计的软件，同时也是专业的网页图形设计与制作的解决方案。

作为一款为网络设计而开发的图像处理软件，Fireworks 能够自动切割图像、生成光标动态感应的 JavaScript 程序等，而且 Fireworks 具有强大的动画功能和一个相当完美的网络图像生成器。

3. Flash

Flash 是 Macromedia 公司开发的矢量图形编辑和动画创作的专业软件，它是一种交互式动画设计工具，用它可以将音乐、声效、动画以及富有新意的界面融合在一起，以制作出高品质的网页动态效果。它主要应用于网页设计和多媒体创作等领域，功能十分强大和独特，已成为交互式矢量动画的标准，在网上非常流行。Flash 广泛应用于网页动画、教学动画演示、网上购物、在线游戏等的制作中。

1.4 网页编程语言

网页编程语言可分为浏览器端编程语言和服务器端编程语言。所谓浏览器端编程语言是指这些语言都是被浏览器解释执行的，常用的浏览器端编程语言包括 HTML、CSS、JavaScript 语言等。为了实现一些复杂的操作，如连接数据库、操作文件等，需要使用服务器编程语言，常用的服务器端编程语言包括 ASP、ASP. NET、JSP 和 PHP 等。

1. HTML

HTML(Hypertext Markup Language，超文本标签语言)是一种用来制作超文本文档的标签语言。用 HTML 编写的超文本文档称为 HTML 文档，它能独立于各种操作系统平台(如 UNIX、Windows 等)。HTML 通过各种标签来标识文档的结构以及标识超链接的信息，并告诉浏览器如何显示其中的内容(如文字如何处理，画面如何安排，图片如何显示等)。

2. CSS

CSS(Cascading Style Sheets，层叠样式表单)是能够真正做到网页表现与内容分离的一种样式设计语言。相对于传统 HTML 的表现而言，CSS 能够对网页中的对象的位置排版进行像素级的精确控制，支持几乎所有的字体字号样式，拥有对网页对象和模型样式编辑的能力，并能够进行初步交互设计，是目前基于文本展示最优秀的表现设计语言。

3. JavaScript

JavaScript(Java Server Pages，Java 服务器页面)看上去像 Java，实际与 Java 无关，这样命名是出于营销目的。JavaScript 是一种基于对象和事件驱动并具有相对安全性的客户端脚本语言，常用来给 HTML 网页添加动态功能，比如响应用户的各种操作。

4. ASP

ASP(Active Server Pages，动态服务器页面)是微软公司开发的代替 CGI 脚本程序的一种应用。它可以与数据库和其他程序进行交互，是一种简单、方便的编程工具，利用它可以产生和执行动态的、互动的、高性能的 Web 服务应用程序。ASP 文件的后缀是. asp，常用于各种动态网站中。通过 ASP，可以结合 HTML 网页、ASP 指令和 ActiveX 元件，建立动态、可交互且高效的 Web 服务器应用程序。同时，ASP 还支持 VBScript 和 JavaScript 等脚本语言(默认为 VBScript)。

5. JSP

JSP(Java Server Pages)是 SUN 公司倡导的一种网络编程语言，从它的全称可以看出它和 Java 有关。正是因为采用 Java 作为它的脚本语言，所以 JSP 也有 Java 的优点：

平台无关性，一次编译到处运行。即只要编写好 JSP 代码，在 UNIX、Linux 和 Windows 上都可以方便地运行。它的缺点是相对于 ASP(特别是 ASP. NET)来说有些难。

6. PHP

PHP(Hypertext Preprocessor，超文本预处理器)一种通用开源脚本语言。其语法吸收了 C 语言、Java 和 Perl 的特点，利于学习，使用广泛，主要适用于 Web 开发领域。PHP 独特的语法混合了 C、Java、Perl 以及 PHP 自创的语法。它可以比 CGI 或者 Perl 更快速地执行动态网页。用 PHP 做出的动态页面与其他的编程语言相比，PHP 是将程序嵌入到 HTML(标准通用标签语言下的一个应用)文档中去执行，执行效率比完全生成 HTML 标签的 CGI 要高许多；PHP 还可以执行编译后代码，编译可以达到加密和优化代码运行，使代码运行更快。

7. ASP. NET

ASP. NET 不是 ASP 的简单升级，是微软公司发展的新体系结构. NET 的一部分，其中全新的技术架构会让每个开发人员的编程变得更为简单。Web 应用程序的开发人员使用这个开发环境可以实现更加模块化、功能更强大的应用程序。

ASP. NET 是面向下一代企业级的网络计算 Web 平台，它在发展了 ASP 优点的同时，也修复了 ASP 运行时会发生的许多错误。ASP. NET 是建立在. NET 框架的通用语言运行环境(Common Language Runtime，CLR)上的编程框架，可用于在服务器上生成功能强大的 Web 应用程序。与以前的 Web 开发模型相比，ASP. NET 具有效率大为提高、更快速简单的开发、更简便的管理、全新的语言支持以及清晰的程序结构等优点。

1.5 网站建设的基本流程

一个完整的网站，虽然建站的步骤很多，而且都是分开的部分，但是这些步骤会形成一个基本的流程，按照这个流程去做，就能完成建站，网站建设的基本流程有以下几方面。

1. 规划设计

明确建立网站的目标和用户需求，个人网站或者是企业站或是门户站，要有目的性，不同类型的网站设计业不一样，需要做一个合理的规划，想好网站需要实现的功能，想要的版式类型和主要的面对用户群，这都是网站初期要计划好的，这时候也要收集好素材，网站中需要的内容、文字、图片等信息的收集，都是在建站时需要做好准备的。

2. 制作建设

建设网站主要分前台和后台，前台的就是网站的版式，根据网站类型、面向人群来设计网站的版面，不宜太过杂乱，一定要简洁，保证用户体验，才能让访问者有好感，好的 Web 站点要做到主题鲜明突出、要点明确、以简单明确的语言和画面体现站点的主题。

建设后台就较为复杂了,要使用程序整合前台,并且完成需要的功能,需要使用较为复杂的程序编写。

3. 测试网站

当网站程序编好,就是一个网站的雏形了,但这时候网站还是不完善的,需要进行测试评估,要从用户体验的角度多去观察,逐渐完善。

4. 域名空间

一个网站的建设首先当然是选择一个好的域名,后缀一般都是选择.com 和.cn 的较多,.com 是国际域名后缀,.cn 是中国的域名。一般用网站主题,或者企业的名称全拼来做域名的主体,如今互联网当中网站繁多,很多域名已经被注册,可以是全拼,可以是首字母,可以加地域或者数字,但是一定要有意义,让人容易记住。当域名购买完了之后,还要有个域名可以访问到的地方,这时候就要租一个虚拟主机的空间了,把域名与主机绑定,当访问域名时,就直接进入放在虚拟主机空间里的网站了。

5. 发布

利用专门的上传软件,将制作好的网站上传到主页空间,才能最终将网站发布到互联网上。CuteFTP 就是一款很好的网页上传软件,可以把网站传到虚拟主机空间里,这时访问域名就可以正式访问网站了。

6. 维护推广

网站虽然上线了,但是工作还没有完成,这时候网站也许还有没发现的漏洞等细节,在网站上线之后,还要继续完善网站的不足,维护主要针对网站的服务器,网站安全和网站内容的维护。网站要获得更大的访问量,还需要在各大搜索引擎上进行注册,如 Sohu、Yahoo!、网易 163、新浪等,以便进行推广、宣传,便于用户搜索。

第 2 章　了解 HTML、CSS、JavaScript

HTML、CSS、JavaScript 这三种语言都是和网页设计有关的，三者的关系可以用房子来描述。如果说一个 HTML 页面就是一栋房子的话，那么其中的 HTML 元素就好比建成房子的砖、木、土、钢、水泥、沙子等各种材料，CSS 就是如何布局房子的设计规范或者图纸，JavaScript 就是用来调整用 CSS 规范建成的房子的各个已经就位的元素，让它们能够灵活地移动或者活动，比如控制一个门是开着还是关着的，把桌子从左边移动到右边等。HTML 是基础，CSS 用于规范 HTML 元素的位置、大小和颜色等状态，而 JavaScript 则可以动态地控制 HTML 元素。

2.1　认识 HTML、CSS、JavaScript 代码

2.1.1　HTML 代码片段

(1) 打开记事本程序，在记事本中输入以下代码。

```
<html>
<head>
    <title>未使用 CSS、JavaScript 的 HTML 文件</title>
</head>
<body>
    <h2>未使用 CSS、JavaScript 的 HTML 文件</h2>
</body>
</html>
```

这是一个完整的 HTML 代码，以<html>开始，以结尾</html>结束，不包含 CSS 和 JavaScript 代码。

(2) 在记事本中，从菜单选择“文件→另存为”，将文件命名为实例 2-1-1.html。

(3) 在 IE 浏览器中打开该文件，浏览器所显示的结果如图 2-1 所示。

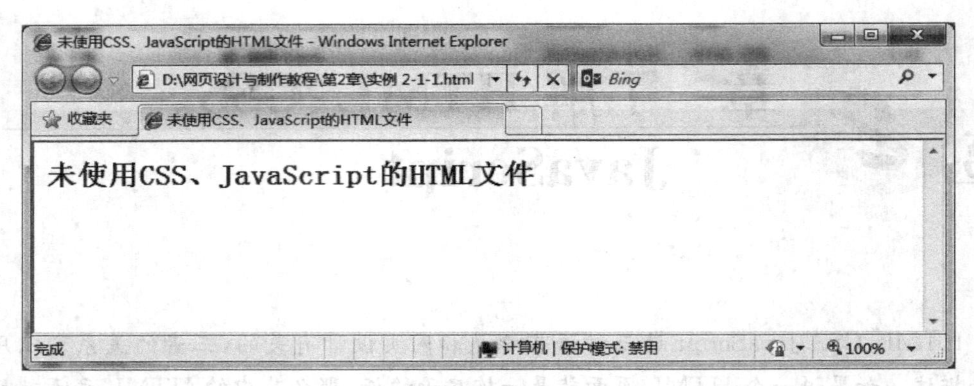

图 2-1　HTML 代码运行效果

2.1.2　CSS 代码片段

(1) 在实例 2-1-1.html 代码的<head>与</head>间,加入下面的 CSS 代码片段。

```
<style type="text/css">
    h2{font-size:40px;font-family:黑体}
</style>
```

这是一段 CSS 代码,以<style>开始,以</style>结束。

(2) 接着将标题改为"使用了 CSS 的 HTML 文件",将正文中的文字也改为"使用了 CSS 的 HTML 文件",然后将其保存为实例 2-1-2.html。

(3) 在 IE 浏览器中打开该文件,网页效果如图 2-2 所示,与图 2-1 比较,会发现网页标题中的字体和字号发生了变化,这就是 CSS 代码起作用了。

图 2-2　使用了 CSS 网页效果

通过上面操作,可以得到以下结论:

- 在 HTML 中可以直接编写 CSS 代码。
- CSS 可以控制网页字体的外观。

2.1.3 JavaScript 代码片段

在 2.1.2 节所示的代码中，加入一段 JavaScript 代码，看看会有什么效果。

(1) 用记事本打开实例 2-1-2.html 文件，在<head>与</head>间加入下面的 JavaScript 代码片段。

```
<script type="text/JavaScript">
    alert("这是 JavaScript 的效果")
</script>
```

这是一段 JavaScript 代码，以<script type="text/JavaScript">开始，以</script>结束。

(2) 将标题改为"使用了 CSS、JavaScript 的 HTML 文件"，将正文中的文字也改为"使用了 CSS、JavaScript 的 HTML 文件"，然后将其保存为实例 2-1-3.html。

(3) 在 IE 浏览器中打开该文件，网页效果如图 2-3 所示，这就是 JavaScript 代码起作用了。

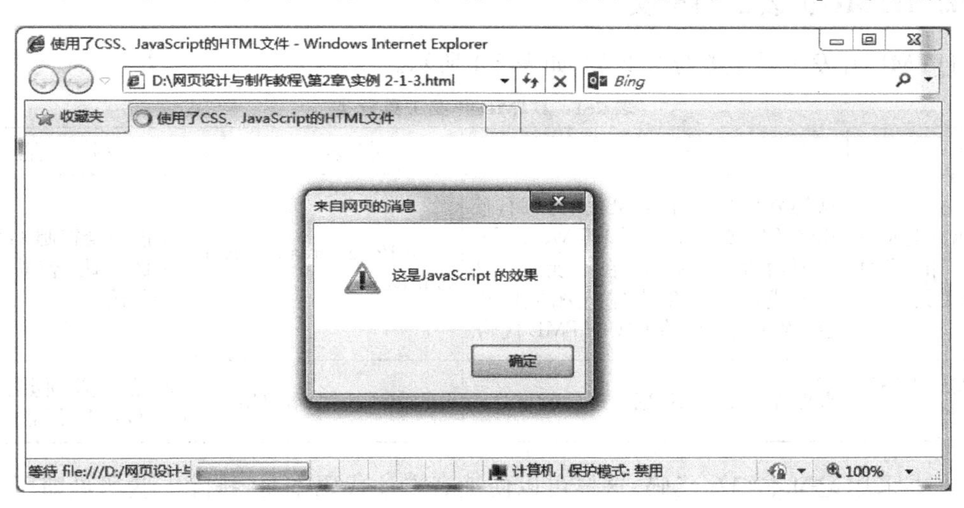

图 2-3 使用了 JavaScript 网页效果

通过上面操作，可以得到以下结论：

- JavaScript 可以和 HTML 语言结合，在 HTML 中可以直接编写 JavaScript 代码。
- JavaScript 可以实现类似弹出提示框的这样的网页交互性功能。

2.2 HTML、CSS、JavaScript 的作用

通过 2.1 节中对 HTML、CSS、JavaScript 代码的分析，以及对运行效果的比较，可以对 HTML、CSS、JavaScript 有了一个比较直观的认识。下面介绍它们在网页设计中的作用。

2.2.1 HTML 在网页中的作用

HTML(HyperText Mark-up Language)即超文本标签语言或超文本链接标示语言，是目前网络上应用最为广泛的语言，也是构成网页文档的主要语言。HTML 文本是由 HTML 命令组成的描述性文本，HTML 命令可以说明文字、图形、动画、声音、表格、链接等。

1. HTML 的编辑环境

- 任何文本编辑器都可以编写 HTML，都可用来制作网页。比如记事本、写字板、Word、WPS 等编辑程序。注意，在保存时要存为.html 或.htm 格式。
- HTML 具有跨平台性，就是说，只要有合适的浏览器，不管在哪个操作系统下，都可以浏览 HTML 文件。只有通过浏览器才可以对 HTML 文档进行相应的解析。

2. HTML 开发工具分类

HTML 开发工具主要分为 2 类，如表 2-1 所示。

表 2-1 HTML 开发工具分类

分　类	介　绍	代表工具	不　足
“所见即所得工具”的网页编辑工具	这类软件提供了可视化的界面，使用者不需要手工编写 HTML 代码，只要通过鼠标拖曳，在出现的对话框内或属性选项中输入相应的内容，软件就能自动生成 HTML 代码	FrontPage、Dreamweaver、GoLive	不能完全控制 HTML 页的代码，容易产生废代码
HTML 代码编辑工具	直接编写 HTML 源代码的软件	EditPlus、记事本、Hotdog	使用者必须熟悉掌握 HTML 语言

本书采用记事本编写代码，这样可以使读者专注代码本身，排除一些所见即所得的干扰。

2.2.2 CSS 在网页中的作用

在 HTML 中，频繁使用标签属性设置页面中段落、标题、表格、链接等格式，最终生成的 HTML 代码的长度一定臃肿不堪，而且随着网络的发展，HTML 越来越不能满足更多的文档样式需求。为了解决这个问题，1997 年 W3C(万维网联盟)颁布 HTML4 标准的同时也公布了有关样式表的第一个标准 CSS1，随后，CSS 又得到了更多的完善和充实。

1. CSS 的概念

层叠样式表(Cascading Style Sheets)是一种用来表现 HTML 等文件样式的技术。

“样式”就是指网页中文字的大小、颜色、对象的位置等格式，“层叠”指的是样式的优先级，当产生冲突时以优先级高的为准。

2. CSS 的作用

CSS 是能够真正做到网页表现与内容分离的一种样式设计语言。相对于传统 HTML 的表现而言，CSS 能够对网页中的对象的位置排版进行像素级的精确控制，支持几乎所有的字体字号样式，具有对网页对象和模型样式编辑的能力，并能够进行初步交互设计，是目前基于文本展示最优秀的表现设计语言。CSS 能够根据不同使用者的理解能力，简化或者优化写法，适用于各类人群，有较好的易读性。

2.2.3 JavaScript 在网页中的作用

HTML 和 CSS 提供给用户的只是一种静态信息，缺少交互性。用户已经不能满足被动浏览信息。JavaScript 是 Netscape 公司为了实现交互式页面而推出的一种基于对象和事件驱动并具有安全性的脚本语言，它的出现使得用户与信息之间不只是一种浏览于显示关系，而是实现了一种实时的、动态的可交互的页面功能，如图 2-4 所示。

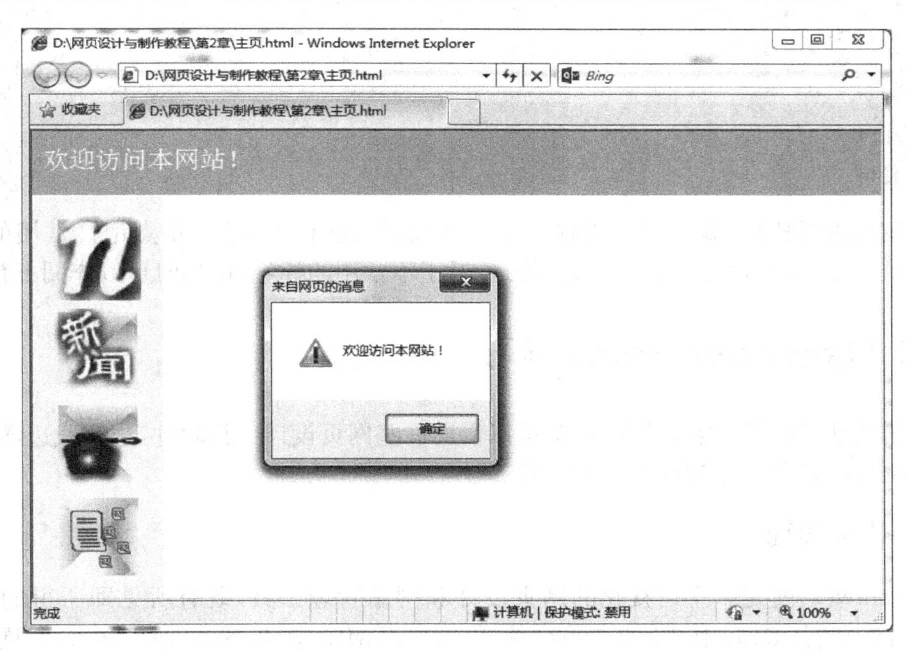

图 2-4　在网页里加入了 JavaScript 代码

JavaScript 是一种基于对象的脚本语言，用于开发 Internet 客户端的应用程序。JavaScript 在网页中结合 HTML、CSS，实现在一个 Web 页面中与 Web 客户交互的功能。

JavaScript 是可以和 HTML 语言结合，在 HTML 中可以直接编写 JavaScript 代码；JavaScript 可以直接对用户或客户的输入做出响应，无须经过 Web 服务程序。因此，可以实现类似弹出提示框这样的交互性网页功能。它对用户的响应是以“事件”做驱动的，比如，“单击网页中的按钮”这个事件可以引发对应的响应；JavaScript 依赖于浏览器，与操作系统无关。因此，只要在有浏览器的计算机上，且浏览器支持 JavaScript，就可以对其正确执行。

2.3 如何学习 HTML、CSS、JavaScript 代码

2.3.1 先了解 HTML、CSS、JavaScript 的语法结构

首先学习掌握 HTML、CSS、JavaScript 的语法结构。比如 HTML，下面是它的结构，所有的内容都在<html></html>之间，里面分为头部<head></head>和主体<body></body>，具体语法在第 3 章、第 4 章、第 5 章和第 6 章详细介绍。

```
<html>
<head>
    …
</head>
<body>
    …
</body>
</html>
```

了解语法结构后，就可以读懂代码了。涉及常用的标签，可以重点记忆常用的标签(如<title>、<form>、<frameset>等)。对于不常用的标签，用到时可以查阅书籍。

2.3.2 借助 Dreamweaver 学习

了解语法结构后，能读懂代码，就可以借助一些网页设计工具软件，边实践边学习了，Dreamweaver 就是一个很好的学习工具。

1. 软件界面

Dreamweaver 是一个可视化的网页设计和网站管理工具，既有所见即所得的功能，又有直接控制、编写代码的功能，为学习 HTML 带来的方便。图 2-5 展示了 Dreamweaver 的界面。

Dreamweaver 有 3 种视图方式：

- 设计视图，在此视图下操作，就是所见即所得模式，执行某个菜单操作就可以轻松插入一个表格或其他元素，并会自动生成 HTML 代码。
- 代码视图，在此视图下可直接编写 HTML 代码，就和在记事本中的编写一样。
- 拆分视图，可以既显示代码，又可以显示设计内容。

图 2-5　Dreamweaver 界面

2. 学习方法

先用 Dreamweaver 的设计视图把结果做出来，然后再查看和分析结果的代码。

例如，想在网页中加入一段文字，并要求这段文字的颜色是蓝色，字号为 36px，步骤如下。

(1) 在 Dreamweaver 的“设计”视图下，输入“学习 HTML”这段文字，并在下面的属性板中将文字颜色和字号设置好，如图 2-6 所示。

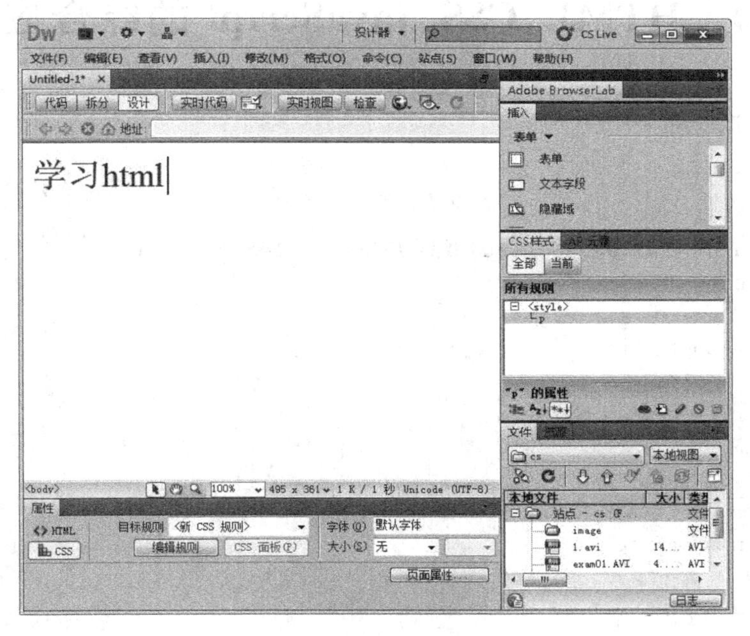

图 2-6　输入、设置文字

(2) 选中这段文字，切换到代码视图，可以了解代码如何实现的，如图 2-7 所示。

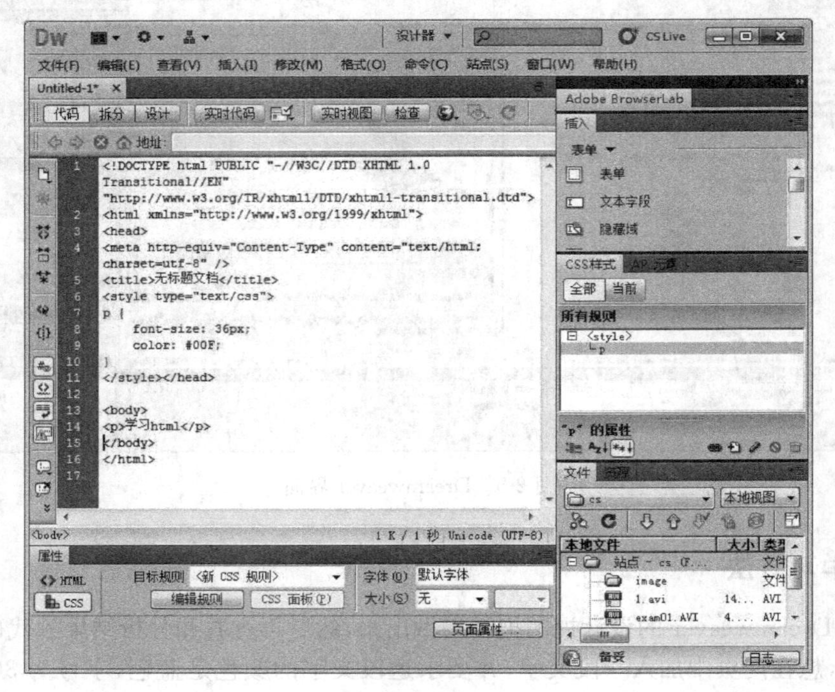

图 2-7　查看代码

2.4　HTML、CSS、JavaScript 的综合应用

实例 2-4 代码如下。

```
<html>
<head>
<title>HTML、CSS、JavaScript 的综合应用</title>
<style type="text/css">
   h2 {
         font-family:Arial;
         color:green;
         font-size:25;
      }
</style>
<script type="text/JavaScript">
function formcheck()
{
   if(document.myform.name1.value=="")
   {
```

```
        alert("请填写您的账号!");
        return false;
    }
    if(document.myform.name2.value=="")
    {
        alert("请填写您的密码!");
        return false;
    }
    if(document.myform.name3.value=="")
    {
        alert("请确认您的密码!");
        return false;
    }
    if(document.myform.name4.value=="")
    {
        alert("请填写密码提示问题!");
        return false;
    }
    if(document.myform.name5.value=="")
    {
        alert("请填写密码提示问题答案!");
        return false;
    }
}
</script>
</head>
<body>
<form name="myform" method="post" action="" onSubmit="return
formcheck()">
<table width="500" align="center">
<tr>
<td colspan="2" align="center" height="25"><h2>新用户注册</h2></td>
</tr>
<tr height="30">
<td colspan="2" style="background-color: #e1c3e8"></td>
</tr>
<tr style="background-color:aliceblue">
<td width="250" align="center">账号</td>
<td width="250"><input type="text" name="name1">***</td>
</tr>
<tr>
<td align="center">密码</td>
<td><input type="password" name="name2">***</td>
</tr>
```

```
<tr style="background-color:aliceblue">
<td align="center">确认密码</td>
<td><input type="password" name="name3">***</td>
</tr>
<tr>
<td align="center">密码提示问题</td>
<td><input type="text" name="name4">***</td>
</tr>
<tr style="background-color:aliceblue">
<td align="center">密码提示问题答案</td>
<td width="28"><textarea name="name5" rows="3" cols="30"></textarea>
</td>
</tr>
<tr>
<td colspan="2" align="center">
<input type="submit" value="注册完成">
<input type="reset" value="取消">
</td>
</tr>
<tr height="25">
<td colspan="2" style="background-color:# e1c3e8"></td>
</tr>
</table>
</form>
</body>
</html>
```

第3章 HTML基础知识

3.1 HTML基本语法概念

HTML是超文本标签语言(Hypertext Markup Language)的缩写,用于描述超文本中各种元素的显示方式,比如控制文字的字体、大小、颜色,标识元素的种类等。其描述的方法是利用一个个HTML标签,将要进行格式控制的元素包含起来。因此HTML文件是由一系列元素和标签组成的。

HTML文件主体结构是由<html>、<head>和<body>等3对标签组成。下面是一个典型的HTML文档结构:

```
<html>
<head>
   头部信息:如<title>、<meta>、<style>、<link>等
</head>
<body>
   文档主体
</body>
</html>
```

其中<html></html>标识着整个HTML文档的开始和结束。<head></head>是HTML文档的头部信息,不会显示在网页中。<body></body>是HTML文档的主体,是网页中要呈现的具体内容。

3.1.1 HTML标签语法

HTML的语法主要由标签(tag)和属性(attribute)组成。所有标签都由一对尖括号<和>括起来。HTML标签一般分为“双标签”和“单标签”,其中大多数是“双标签”。

“双标签”顾名思义是指成对出现的标签,由起始标签(Opening Tag)和结束标签(Ending Tag)组成。起始标签的格式为<标签名称>,结束标签的格式为</标签名称>。其完整的语法结构如下所示:

```
<标签名称>内容</标签名称>
```

双标签仅对包含在其中的内容产生控制的作用，也就是说首、尾标签是用来界定该标签的作用范围的。比如<h1>和</h1>标签是用于界定一个一级标题的开始和结束。

“单标签”是指单独出现的标签，其格式为

```
<标签名称>
```

它的作用是在相应的位置插入元素。比如
标签，它的作用是在标签所在的位置插入一个换行符，实现换行效果。

HTML 标签是不区分大小写的。比如<HTML>、<Html>和<html>，其效果是一样的。

3.1.2 HTML 标签属性

在每个 HTML 标签中，还可以添加一些属性，控制标签所包含的元素。这些属性必须放在首标签中。当不添加任何属性时，标签会自动使用默认值。

基本语法：

```
<标签名称  属性 1="属性值 1"  属性 2="属性值 2"…属性 n="属性值 n">内容</标签名称>
```

例如：

```
<p align="center">我是一个单独的段落</p>
```

语法说明：

属性和标签名称之间要用空格分隔，属性与属性值之间用=连接，各属性之间用空格分隔。各属性值所使用的英文引号可以省略，但是当属性值存在空格时，必须使用引号。

3.1.3 HTML 文件的命名

关于文件的命名，看似无足轻重，实际上如果没有良好的命名规则进行约束，会导致整个网站或者文件夹管理困难，所以命名规则十分重要。需要特别注意的是，网站文件或者文件夹命名时要尽量避免使用中文字符命名，以免产生乱码，发生错误。

在对 HTML 文件命名时，名称中只能包含字母、数字、下划线(_)、连字符(-)和句点(.)，任何其他字符(包括空格)都可能会给我们的网页带来麻烦，导致文件加载失败或者页面加载不正确。

关于 HTML 文件的命名提出以下几点建议：

(1) 见名知意，文件命名要以最简短的名称体现清楚的含义。比如索引页命名为 index. html。

(2) 尽量以字母开头命名文件，有些时候以数字开头的文件可能不被视为一个文件处理。

(3) 尽量以英文单词为主，单个单词的文件名称最好全部小写。虽然这不是绝对的要求，但对于维护网站有利，因为大多数 Web 服务器操作系统是大小写敏感的。

(4) 不要忽略文件的扩展名，虽然大多数的 HTML 编辑器会自动添加扩展名，但是如果使用一个类似于记事本的文字编辑器编辑 HTML 文档，则需要手动修改扩展名。扩展名为 html 或者 htm，两者没有区别。

3.1.4 编写 HTML 文件的注意事项

在编写 HTML 文件时，应该遵守以下一些规范。

(1) 所有的标签都要用尖括号<>括起来，这样浏览器就会知道尖括号内的标签是 HTML 标签。

(2) 标签与尖括号之间不能有空格，否则浏览器可能无法识别，比如不能将<title>标签写成< title>。

(3) 标签中所有的符号均为英文状态下的符号，不能存在中文符号。

(4) 对于成对出现的标签，最好同时输入起始标签和结束标签，以免忘记输入结束标签。

(5) 在出现标签嵌套时，要注意嵌套关系，是一对标签完全包含另一对标签，如<head><title>网页标题</title></head>，不能写成<head><title>网页标题</head></title>。

(6) 标签中的属性值，可以用("")引起来，也可以不用，但是当属性值中存在空格时，引号是必须的。

(7) 在编写 HTML 代码时，回车符和空格在代码中无效，因此不同的标签间可以用回车符换行再编写，或者适当的利用空格设置一些缩进，方便设计者理解和查看 HTML 文档。

3.2 HTML 文件头部内容

HTML 的头部标签是<head>，主要包括页面的一些基本描述语句，用于包含当前文档的有关信息。一般来说，位于头部的内容不会在页面上直接显示。常用的头部标签有<title>用于设置显示在浏览器上方的标题内容、<base>设定浏览器中文件的路径(基底网址)、<meta>有关文档本身的元信息，例如用于查询的关键字等等。

3.2.1 设置页面标题

在 HTML 文档中，标题文字位于<title>和</title>标签之间，其作用是提示网页内容，浏览器收藏网页时的默认名字，浏览器保存网页时的默认文件名。

<title>和</title>标签位于 HTML 文档的头部，也就是位于<head>和</head>标签之间。

基本语法：

```
<title>……</title>
```

语法说明：

在 HTML 文件中，<title></title>之间的内容就是网页的标题。

实例 3-2-1 代码如下。

```
<html>
    <head>
        <title>设置网页标题</title>
    </head>
    <body>
    </body>
</html>
```

网页效果如图 3-1 所示。

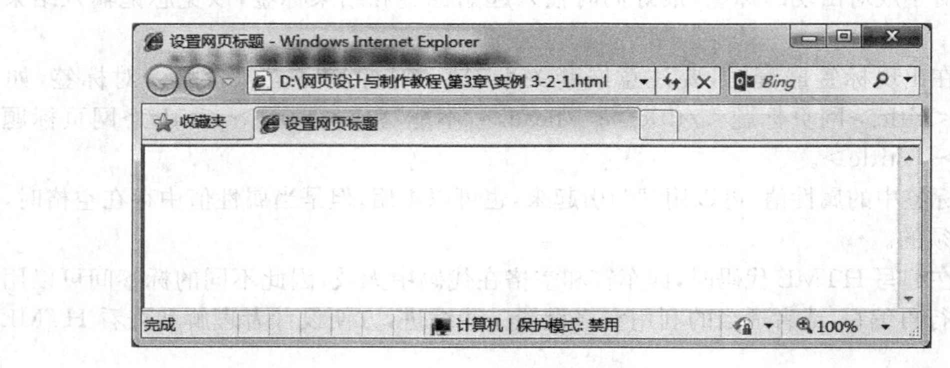

图 3-1　设置网页标题

3.2.2　设置基底网址

基底网址用于设定浏览器中文件的路径，<base>标签一般用于设置文件的 URL 地址。一个 HTML 文件中只能存在一个<base>标签，该标签必须放于头部标签中。

基本语法：

```
<base href="URL" target="目标窗口">
```

语法说明：

href 用于设定网页文件的链接地址，target 用于设定页面显示的目标窗口。

实例 3-2-2 代码如下。

```
<html>
    <head>
        <title>设置基底网址</title>
        <base href="http://www.tup.tsinghua.edu.cn" target="_blank">
```

```
    </head>
    <body>
    基底网址用于设定浏览器中文件的路径,将鼠标移动到文字"超链接"上面,状态栏就会显示该链接的地址。<a href="index.html">超链接</a>
    </body>
</html>
```

网页效果如图 3-2 所示。

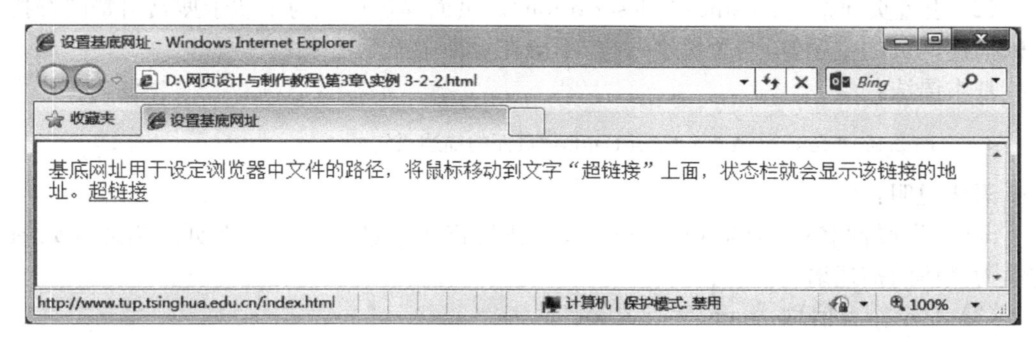

图 3-2　设置基底网址

效果说明：代码运行后，将鼠标放在链接文字“超链接”上，状态栏就会显示该链接的地址，即将文件的地址附着在基底网址之后。

3.2.3　设置页面元信息

meta 元素提供的信息是用户不可见的，它并不在页面中显示。一般用来定义页面信息的名称、关键字、作者等，或者用于设置网页刷新、重定向以及网页过期时间。在 HTML 中，meta 标签是单标签，不需要设置结束标签，在一个尖括号内的就是一个 meta 内容，在一个 HTML 页面中可以有多个 meta 元素。

meta 包含两个属性，name 和 http-equiv。其中 name 属性主要用于设置页面关键字、页面描述信息、作者信息等等。http-equiv 属性主要用于设置页面刷新、重定向、过期时间等。

1. meta 的 name 属性

(1) 设置页面关键字：name="keyword"。搜索引擎是依据关键字对网页进行查找和分类的，设置页面关键字，向搜索引擎说明网页的关键词，帮助搜索引擎对该网页进行查找和分类，可以提高网页被搜索到的概率，可以设置多个关键字，中间需用逗号隔开。由于很多搜索引擎在检索网页时会限制关键字的数量，因此设置的关键字不宜过多，每一个关键字都要切中网页的主题。

基本语法：

```
<meta name="keyword" content="关键字">
```

语法说明：

name 为属性名称，值是 keyword，用于设置网页的关键字属性，content 的值就是关键字的内容。

实例：

```
<meta name="keyword" content="巴西,奥运会,中国">
```

实例说明：设定了“巴西，奥运会，中国”这三个词为该页面的关键字。

(2) 设置页面描述：name＝"description"。页面描述也是为了便于搜索引擎的查找，用来描述网页的主题等，与关键字一样，不会在页面中显示出来。

基本语法：

```
<meta name="description" content="页面的描述语句">
```

语法说明：

name 为属性名称，值是 description，也就是将元信息属性设置为页面描述，content 的值为具体的描述语言。

(3) 设定作者信息：name＝"author"。

基本语法：

```
<meta name="author" content="作者的名字">
```

语法说明：

name 为属性名称，值是 author，也就是设置网页的作者信息，content 的值为网页作者的名字。

2. meta 的 http-equiv 属性

(1) 设置网页的定时跳转：http-equiv＝"refresh"。

浏览网页时，我们经常看到一些欢迎信息界面，在过段时间后，页面会自动跳转到其他页面中，这就是网页的跳转。一般网站更换网址时，也会用到定时跳转，进行网页重定向。

基本语法：

```
<meta http-equiv="refresh" content="时间;url=链接地址">
```

语法说明：

refresh 表示网页的刷新，content 中设定刷新的时间(默认以秒为单位)和刷新后的地址，时间和地址之间用分号分隔。

实例：

```
<meta http-equiv="refresh" content="3;url=http://www.baidu.com">
```

实例说明：

在 3 秒之后，页面将跳转到百度网站。

当设置自动跳转中的链接地址被省略时，网页的功能就变成了刷新页面本身，一般用于需要不断更新的网页中。

实例：

```
<meta http-equiv="refresh" content="3">
```

实例说明：

页面每隔 3 秒刷新一次。

（2）设置页面过期时间：http-equiv＝"expires"。

在 HTML 文件中，往往需要设置页面过期时间，将 http-equiv 属性的值设置为 expires，便可以实现该功能。

基本语法：

```
<meta http-equiv="expires" content="网页过期时间">
```

语法说明：

expires 用于设置页面过期时间，content 属性设置具体过期时间值。

实例：

```
<meta http-equiv="expires" content="FRI,26 AUG 2016 00 00 00">
```

实例说明：

网页在 2016 年 8 月 26 日星期五零点过期。

3.3 HTML 文件主体内容

在 HTML 文件中，body 标签中的内容才是网页的主体内容，会显示在页面中。body 元素包含文档的所有内容，比如文本、超链接、表格、列表等。

3.3.1 设置页面背景

在网页文件中，默认的背景色是无色，可以通过 bgcolor 属性设置网页的背景色。

基本语法：

```
<body bgcolor="#nnnnnn">
```

或

```
<body bgcolor="颜色名称">
```

语法说明：

- 其中＃nnnnnn 代表六位十六进制数，每两位的取值均是从 00～FF，代表 0～255，前两位用于设置红色的深浅，中间两位用于设置绿色的深浅，最后两位用于设置蓝色的深浅。
- 指定颜色时，可以直接使用该颜色对应的英文单词，例如，指定背景的颜色为蓝色，可以表示为＜body bgcolor＝"blue"＞。

常用的颜色代码表如表 3-1 所示。

表 3-1　颜色代码表

名　　称	颜　　色	名　　称	颜　　色
Black(＃000000)	黑色	Red	红色(＃FF3300)
Lime(＃666666)	石灰色	Maroon	栗色(＃993300)
Gray(＃999999)	灰色	Silver	银白色(＃CCCCCC)
Navy(＃0033CC)	海军蓝	Olive	橄榄绿(＃336633)
Purple(＃660000)	紫色	Yellow	黄色(＃FFFF00)
Aqua(＃0066FF)	浅蓝绿	Blue	蓝色(＃00FFFF)
Green(＃66FF00)	绿色	Fuchsia	紫红色(＃993333)
White(＃FFFFFF)	白色	Teal	暗蓝绿(＃006666)

实例 3-3-1 代码如下。

```
<html>
    <head>
        <title>设置网页背景色</title>
    </head>
    <body bgcolor="pink">
        我是一个粉色背景的网页!
    </body>
</html>
```

网页效果如图 3-3 所示。

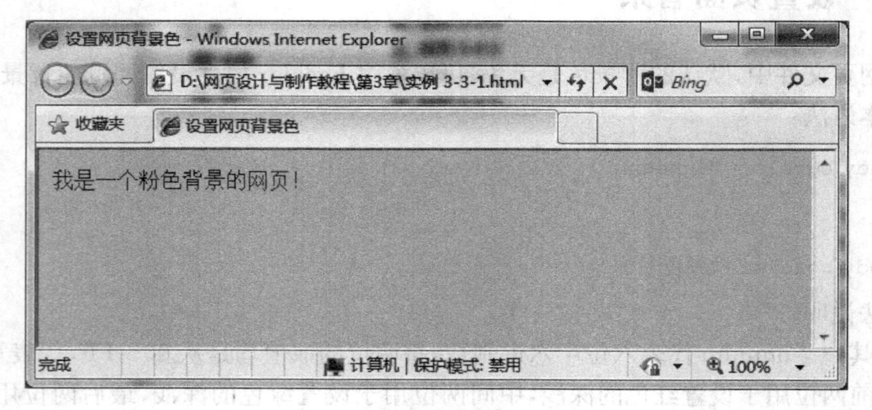

图 3-3　设置网页背景色

3.3.2 设置页面边距

在 HTML 文件中，可以像 Word 文档一样设置页边距，通过设置页面边距属性的属性值来设置页面显示内容与浏览器之间的距离，使显示的内容更加美观。

基本语法：

```
<body topmargin="数值"  leftmargin="数值"  rightmargin="数值"  bottommargin
="数值">
```

语法说明：

通过设置 topmargin/leftmargin/rightmargin/bottomnargin 不同的属性值，来设置显示内容与浏览器的距离：

- topmargin 设置到浏览器顶端的距离。
- leftmargin 设置到浏览器左边的距离。
- rightmargin 设置到浏览器右边的距离。
- bottommargin 设置到浏览器底边的距离。

实例 3-3-2 代码如下。

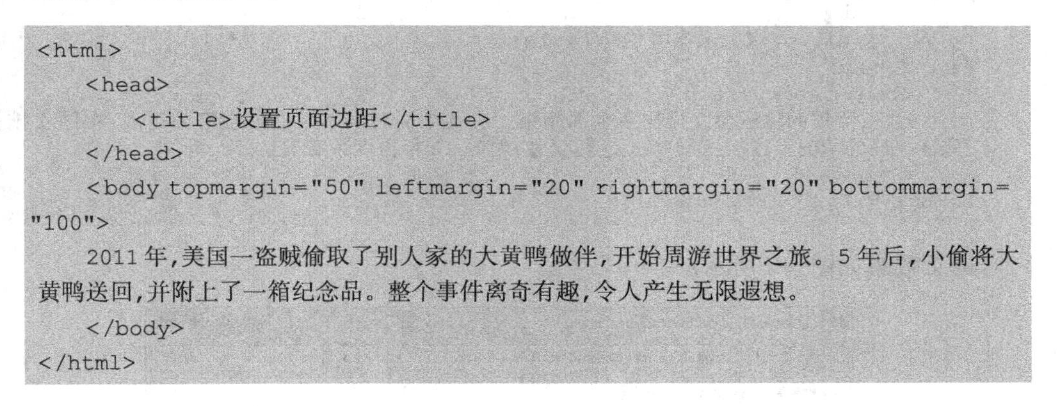

```
<html>
    <head>
        <title>设置页面边距</title>
    </head>
    <body topmargin="50" leftmargin="20" rightmargin="20" bottommargin=
"100">
    2011 年，美国一盗贼偷取了别人家的大黄鸭做伴，开始周游世界之旅。5 年后，小偷将大
黄鸭送回，并附上了一箱纪念品。整个事件离奇有趣，令人产生无限遐想。
    </body>
</html>
```

网页效果如图 3-4 所示。

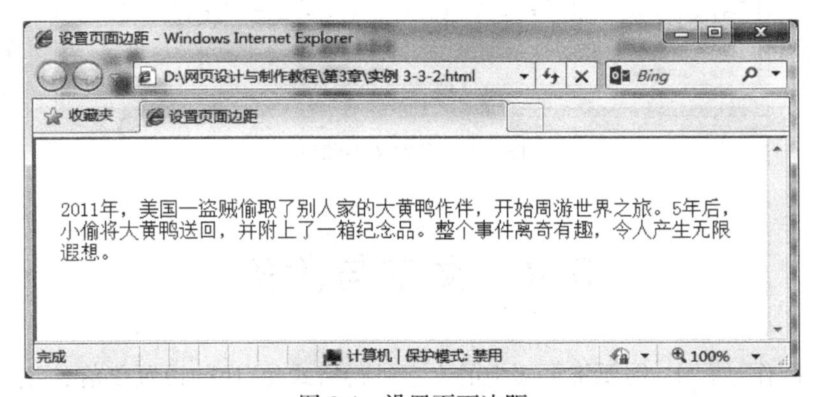

图 3-4 设置页面边距

效果说明：网页中的文本距离浏览器顶端 50 像素，距浏览器左右两侧各 20 像素，距离浏览器底端 100 像素。

3.3.3 设置文本颜色

在 HTML 文件中，可以通过 text 属性设置网页中文字(非超链接文字)的颜色。

基本语法：

```
<body text="#nnnnnn">
```

或

```
<body text="颜色名称">
```

语法说明：

在 HTML 文件中，text 属性只对非超链接文字起作用，链接文字有默认的颜色，需要通过 link 属性或 css 样式去更改。

实例 3-3-3 代码如下。

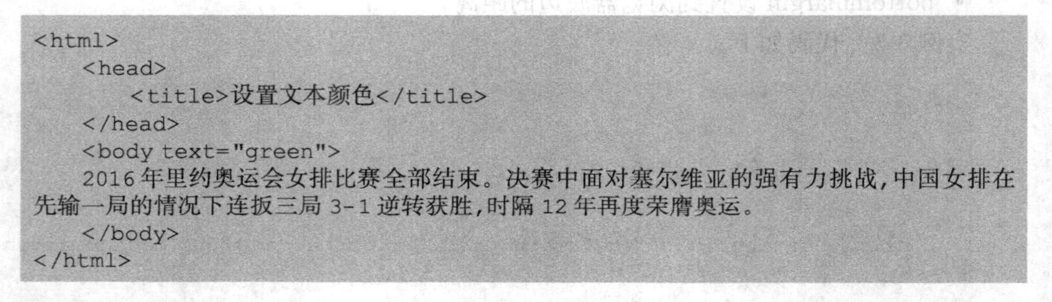

```
<html>
    <head>
        <title>设置文本颜色</title>
    </head>
    <body text="green">
    2016 年里约奥运会女排比赛全部结束。决赛中面对塞尔维亚的强有力挑战，中国女排在先输一局的情况下连扳三局 3-1 逆转获胜，时隔 12 年再度荣膺奥运。
    </body>
</html>
```

网页效果如图 3-5 所示。

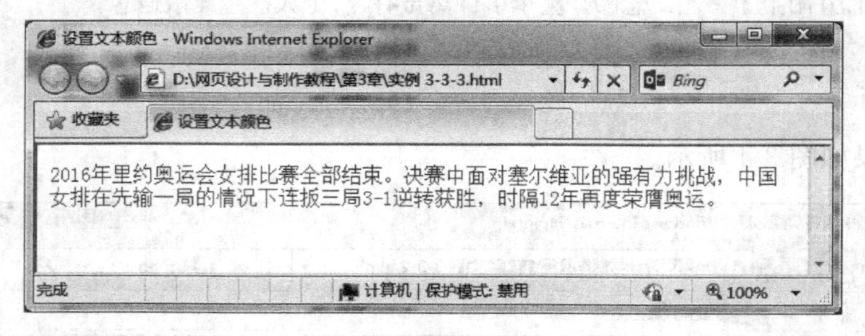

图 3-5 设置文本颜色

3.4 文字与段落

在网页制作过程中，需要将页面中的文字进行格式化，比如设置段落、缩进、添加分隔线、注释等，让页面信息变得格式整洁，脉络清晰。

3.4.1 换行

在一般的文本文件中，只要按下回车键便会产生一个换行符，使文字换行显示。但是在 HTML 文件中，由回车键所产生的换行符，在浏览器中并不会被视为换行符号。因此，若要将某位置后面的文字显示在下一行，必须在该位置使用
标签，才能达到换行的效果。

实例 3-4-1 代码如下。

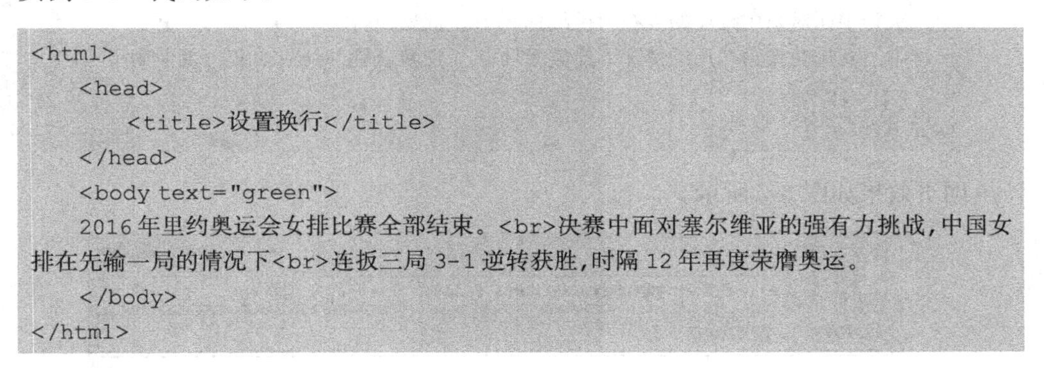

```
<html>
    <head>
        <title>设置换行</title>
    </head>
    <body text="green">
    2016 年里约奥运会女排比赛全部结束。<br>决赛中面对塞尔维亚的强有力挑战，中国女排在先输一局的情况下<br>连扳三局 3-1 逆转获胜，时隔 12 年再度荣膺奥运。
    </body>
</html>
```

网页效果如图 3-6 所示。

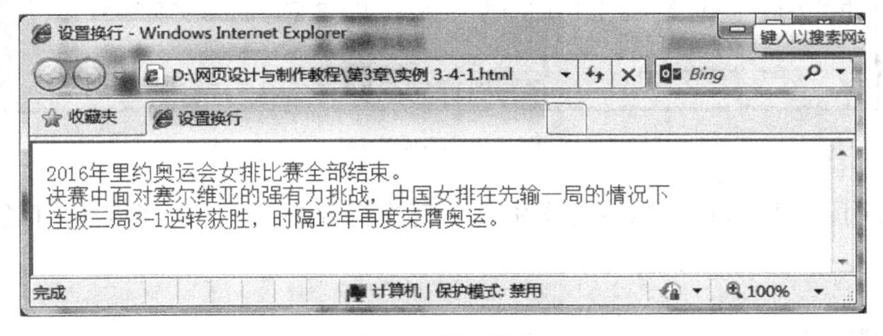

图 3-6　设置换行

3.4.2 添加注释

在编写 HTML 文件时，可以为网页中的内容添加一些注释，方便日后自己或者他人维护网站。位于注释中的文本不会显示在网页中，但是可以在源文件中查看注释内容。

基本语法：

```
<!--注释的内容-->
<!注释的内容>
```

语法说明：

注释标签有两种写法，上述两种写法均可实现注释功能。

实例 3-4-2 代码如下。

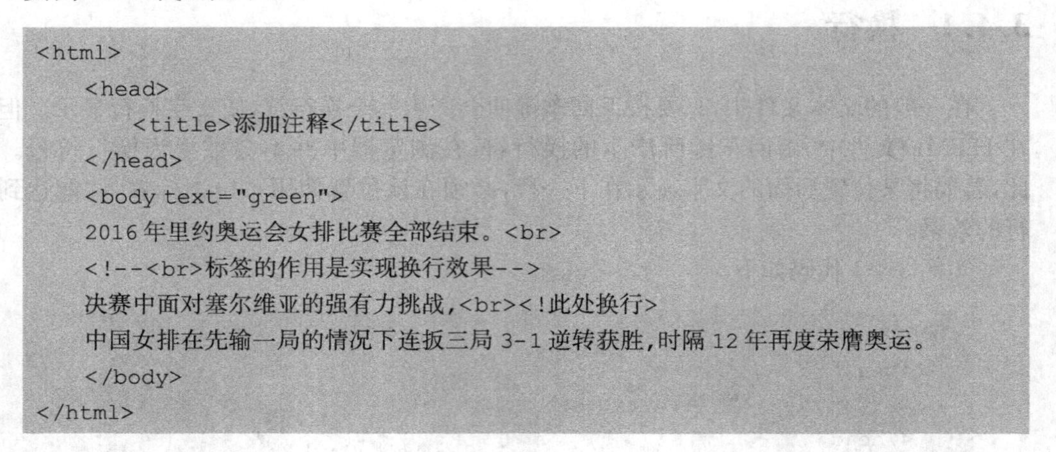

```
<html>
    <head>
        <title>添加注释</title>
    </head>
    <body text="green">
    2016 年里约奥运会女排比赛全部结束。<br>
    <!--<br>标签的作用是实现换行效果-->
    决赛中面对塞尔维亚的强有力挑战,<br><!此处换行>
    中国女排在先输一局的情况下连扳三局 3-1 逆转获胜,时隔 12 年再度荣膺奥运。
    </body>
</html>
```

网页效果如图 3-7 所示。

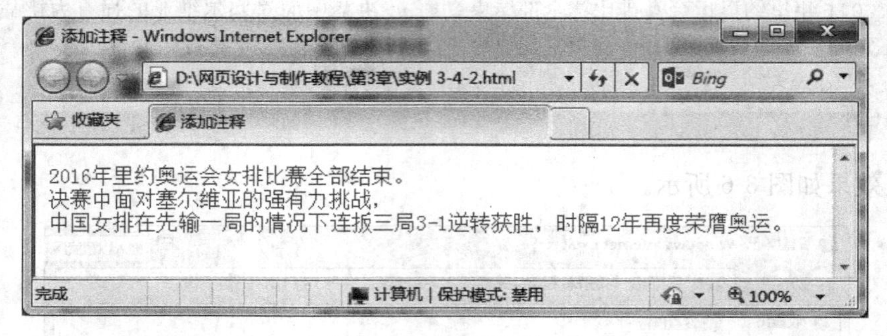

图 3-7　添加注释

效果说明：<!--
标签的作用是实现换行效果-->是注释内容，不会显示在页面中。

3.4.3　段落

<p>是段落标签，用于对文字进行分段，在浏览器中，不同段落文字间除了换行外，还会添加一个空行，区别出不同段落。它可以单独使用，也可以成对使用。

基本语法：

```
<p>文字</p>
```

或

```
文字<p>
```

或

```
<p align=参数>文字</p>
```

语法说明：

其中 align 属性有 left、center 和 right 三个取值，这三个值将分别把段落文字的水平对齐方式设为左对齐、居中对齐和右对齐。

实例 3-4-3 代码如下。

```
<html>
    <head>
        <title>设置段落</title>
    </head>
    <body text="green">
        <p align="left">2016 年里约奥运会女排比赛全部结束。</p>
        <p align="center">2016 年里约奥运会女排比赛全部结束。</p>
        <p align="right">2016 年里约奥运会女排比赛全部结束。</p>
    </body>
</html>
```

网页效果如图 3-8 所示。

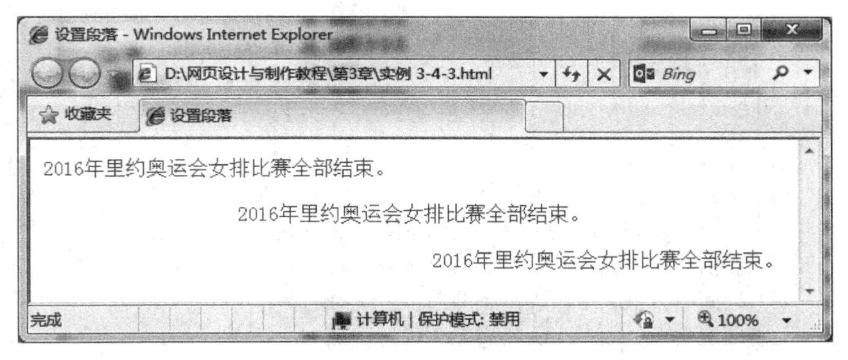

图 3-8　设置段落

3.4.4　添加特殊字符

在 HTML 文件中，有些字符是没有办法直接显示出来的，比如说®。通过插入特殊字符可以显示在文档中，但是无法通过键盘得到。而有些字符虽然在键盘上可以得到，但在 HTML 中却有其特殊的含义，如＜、＞等等，他们必须用一些代码表示它们，以免发生混淆。

在 HTML 文件中，利用键盘上的空格键输入空格，不论输入多少个空格，浏览器都会视为一个空格。所以，想要输入多个空格时，必须利用空格符号 代替。

常见的部分特殊字符代码表如表 3-2 所示。

表 3-2　特殊字符代码表

特殊或专用字符	数 字 代 码	字 符 代 码
＜	<	<
＞	>	>
&	&	&
"	"	"
!	!	
©	©	©
;	;	
®	®	®
空格		

实例 3-4-4 代码如下。

```
<html>
    <head>
        <title>特殊字符</title>
    </head>
    <body>
        <center>
        山居秋暝
        <hr width="49%" size="5" align=center color="pink">
        空山新雨后,  天气晚来秋。<br>
        明月松间照,  清泉石上流。<br>
        竹喧归浣女,  莲动下渔舟。<br>
        随意春芳歇,  王孙自可留。<hr width="49%" size="5" align=
        center color="pink">
        <address>
        王维 &copy;
        </address>
    </body>
</html>
```

网页效果如图 3-9 所示。

3.4.5　预格式化

如果要将 HTML 文件中的文字编排方式，通过浏览器原样显示出来，就需要通过<pre>标签来实现。将编排好格式的文本放在<pre>和</pre>标签之间，即可实现浏览器显示文件原始的排版方式的功能。

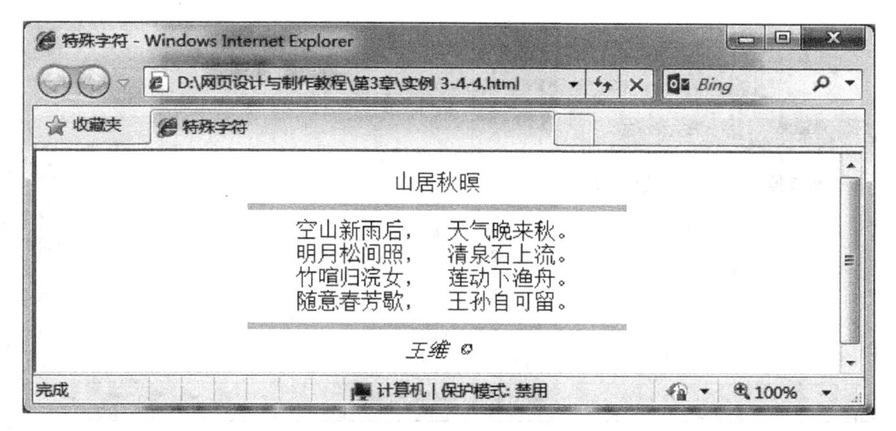

图 3-9 特殊字符

实例 3-4-5 代码如下。

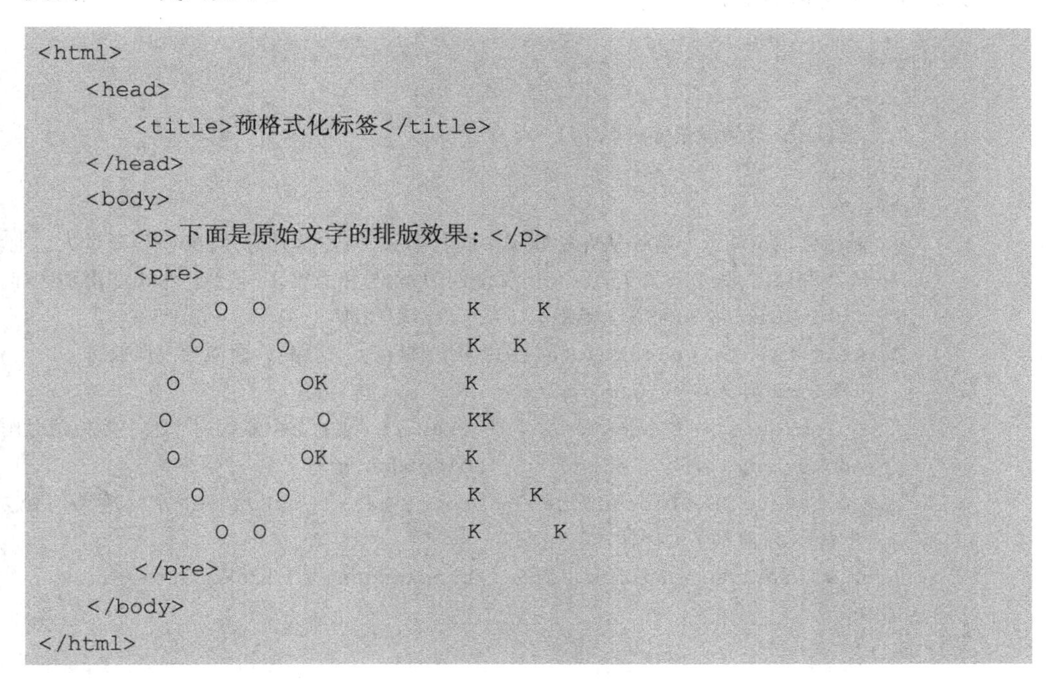

```
<html>
    <head>
        <title>预格式化标签</title>
    </head>
    <body>
        <p>下面是原始文字的排版效果：</p>
        <pre>
               O  O                K     K
            O     O                K   K
          O           OK           K
         O             O           KK
          O           OK           K
            O     O                K    K
               O  O                K       K
        </pre>
    </body>
</html>
```

网页效果如图 3-10 所示。

3.4.6 设置段落缩进

<blockquote>标签的作用是为段落设置缩进，使用一对<blockquote></blockquote>标签会使段落左右各缩进两个字符，当多对标签一起使用时，效果可以叠加。

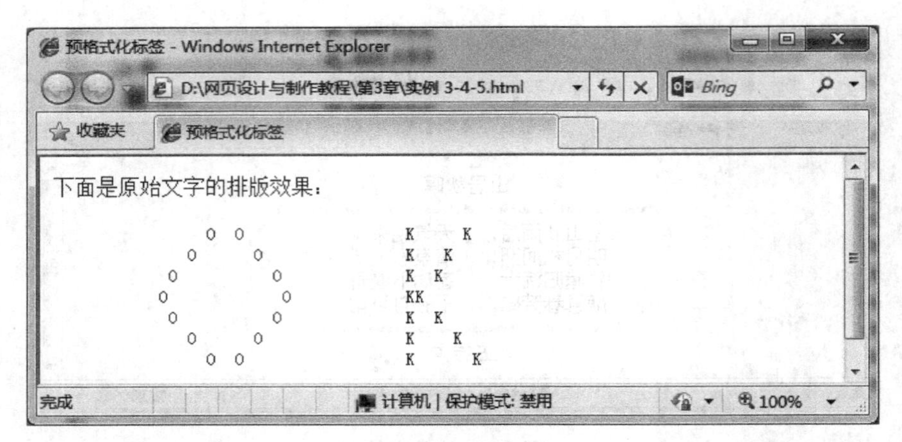

图 3-10　预格式化标签

实例 3-4-6 代码如下。

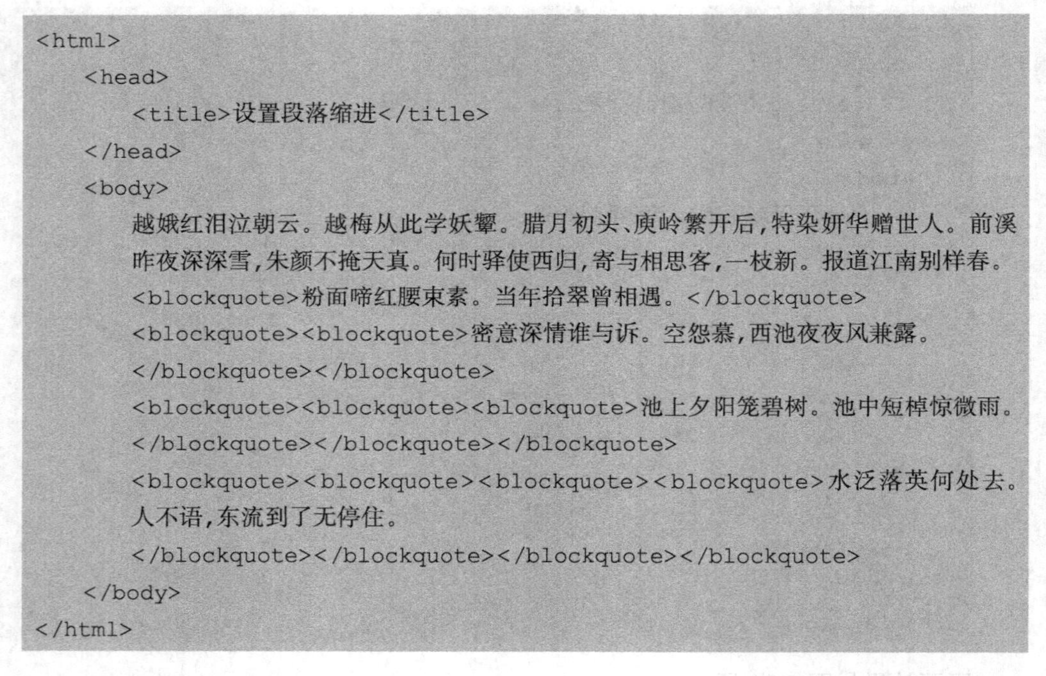

```
<html>
    <head>
        <title>设置段落缩进</title>
    </head>
    <body>
        越娥红泪泣朝云。越梅从此学妖颦。腊月初头、庾岭繁开后，特染妍华赠世人。前溪
        昨夜深深雪，朱颜不掩天真。何时驿使西归，寄与相思客，一枝新。报道江南别样春。
        <blockquote>粉面啼红腰束素。当年拾翠曾相遇。</blockquote>
        <blockquote><blockquote>密意深情谁与诉。空怨慕，西池夜夜风兼露。
        </blockquote></blockquote>
        <blockquote><blockquote><blockquote>池上夕阳笼碧树。池中短棹惊微雨。
        </blockquote></blockquote></blockquote>
        <blockquote><blockquote><blockquote><blockquote>水泛落英何处去。
        人不语，东流到了无停住。
        </blockquote></blockquote></blockquote></blockquote>
    </body>
</html>
```

网页效果如图 3-11 所示。

3.4.7　插入并设置水平线

在网页中经常能看到一条水平直线，将不同的内容信息分开，使文字看起来清晰、明确，使用<hr>标签就可以添加水平分隔线。

<hr>标签是单独使用的标签，它的作用是换行并在该行下画一条横线，并且分隔线上下都会留出一定的空白。

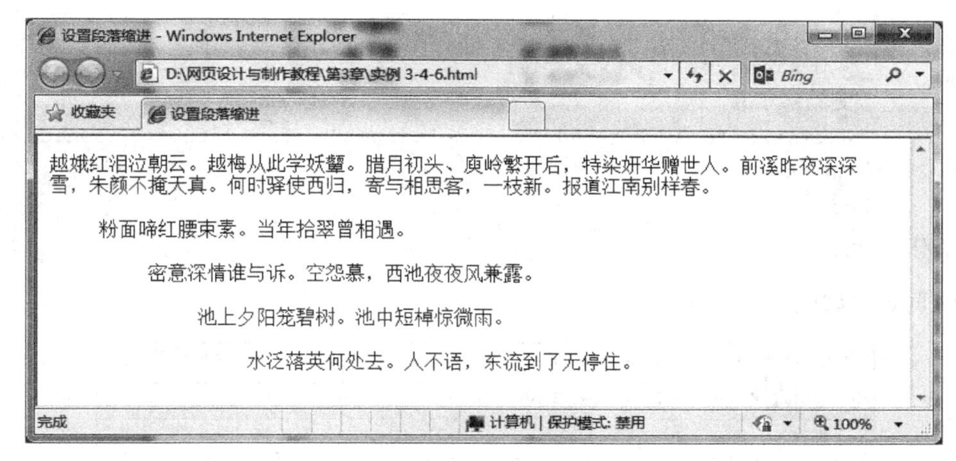

图 3-11　设置段落缩进

给<hr>标签设置一定的属性，可以让水平线看起来更美观。<hr>标签的属性有size、width、color 和 align。

说明：如果用百分比设定水平分隔线的宽度，其长短可随窗口的大小变化而变化，相对比例会保持不变。<hr>属性、属性值如表 3-3 所示。

表 3-3　hr 属性值说明表

属　　性	参　　数	功　　能	单　　位	默认值
size		设置水平分隔线的粗细	Pixel(像素)	2
width		设置水平分隔线的宽度	Pixel(像素)、百分比	100%
align	left、center、right	设置水平分隔线的对齐方式		center
color		设置水平分隔线的颜色		black
noshade		水平分隔线不显示 3D 阴影		

实例 3-4-7 代码如下。

```
<html>
    <head>
        <title>插入水平分隔线</title>
    </head>
    <body>
        <center>
        江雪
        <hr>
        千山鸟飞绝，
        <hr size="8">
        万径人踪灭。
        <hr width="40%">
```

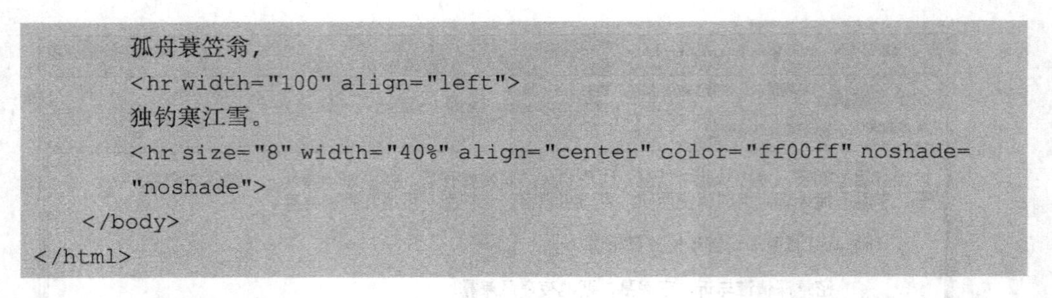

```
        孤舟蓑笠翁,
        <hr width="100" align="left">
        独钓寒江雪。
        <hr size="8" width="40%" align="center" color="ff00ff" noshade=
        "noshade">
    </body>
</html>
```

网页效果如图 3-12 所示。

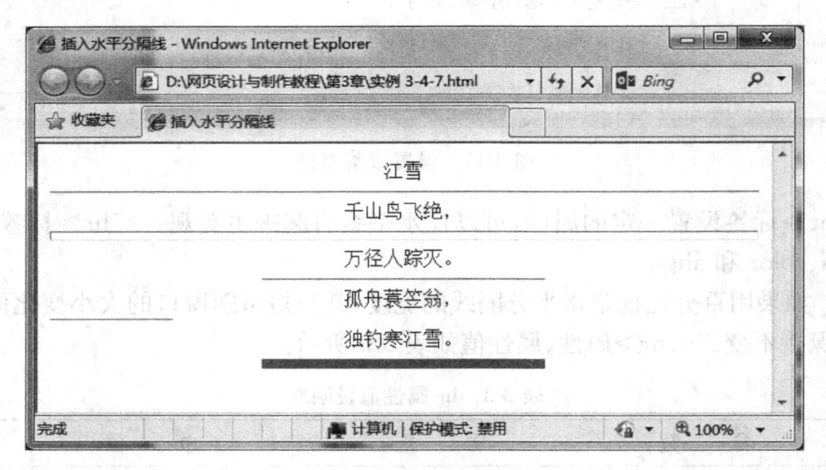

图 3-12　插入水平分隔线

3.5　建立和使用列表

3.5.1　列表类型

在 HTML 文件中,可以添加列表,列表项会分行对齐显示,HTML 文件中的列表主要分为有序列表和无序列表两种,顾名思义,有序列表是指列表项带有标号,按顺序排列,无序列表的列表项没有前后的顺序关系,用特殊的小图标标签。有时两种列表也会嵌套在一起使用。

3.5.2　插入有序列表

有序列表中,列表中的项目通常是有先后顺序的,一般采用数字字母作为顺序号。

基本语法:

```
<ol type="序号类型" start="起始数值">
<li>第一项
```

或者

```
<li>第一项</li>
<li>第二项
<li>第三项
</ol>
```

语法说明：

- <ol>和</ol>代表一个有序列表的开始和结束，而<li>则表示这是一个列表项的开始，一个有序列表可以包含多个列表项。
- 默认情况下，列表采用数字序号进行排列，当设置 start 起始数值时，列表会从设置的数值开始编号。无论列表是否用数字标号，start 的取值均为数字，会对所有类型的列表项起作用（type 和 start 属性都是有序列表的可选属性）。
- type="1"表示列表项用数字标号（1，2，3，……）是默认选项。
- type="A"表示列表项用大写字母标号（A，B，C，……）。
- type="a"表示列表项用小写字母标号（a，b，c，……）。
- type="i"表示列表项用小写的罗马数字标号（i，ii，iii，……）。
- type="I"表示列表项用大写的罗马数字标号（I，II，III，……）。

实例 3-5-2 代码如下。

```
<html>
    <head>
        <title>有序列表</title>
    </head>
    <body>
    <font size=4 color="#ff7700">选出你最喜欢的动物</font><br>
    <ol>
        <li>大熊猫
        <li>小松鼠
        <li>长颈鹿
        <li>斑马
    </ol>
    <hr size=2 color="#00ff00">
    <font size=4 color="#ff7700">选出下列诗人中，你最喜欢的一位：</font><br>
    <ol type=I start=5>
        <li>李白
        <li>杜甫
        <li>陆游
        <li>王勃
    </ol>
    <hr size=2 color="#00ff00">
```

```
    <font size=4 color="#ff7700">下列歌曲中,你最喜欢哪一首? </font><br>
    <ol type=A start=5>
        <li>十年
        <li>不想长大
        <li>金陵秦淮夜
        <li>伤感情
    </ol>
    </body>
</html>
```

网页效果如图 3-13 所示。

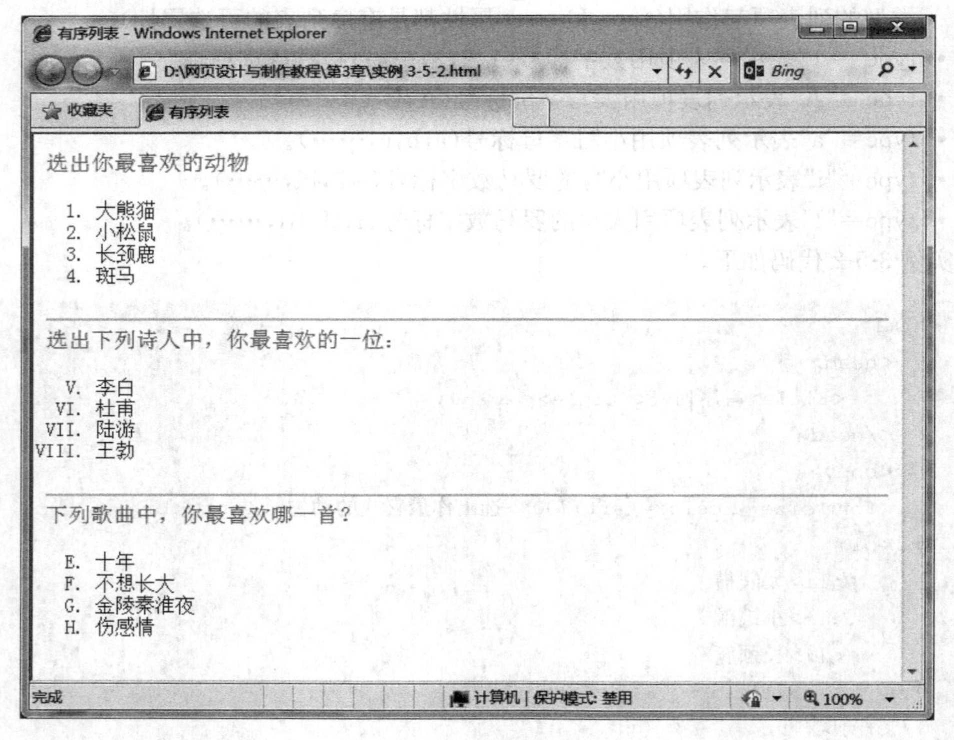

图 3-13　有序列表

3.5.3　插入无序列表

无序列表提供一种不编号的列表方式,在每一个项目文字之前,以符号作为分项标识。

基本语法:

```
<ul type="符号类型">
<li>第一项
```

或者

```
<li>第一项</li>
<li>第二项
<li>第三项
</ul>
```

语法说明：

- <ul>和</ul>代表一个无序列表的开始和结束，而<li>则表示这是一个列表项的开始，一个无序列表可以包含多个列表项。
- 默认的情况下，无序列表的项目符号是●，通过 type 属性设置无序列表的项目符号。
- type="disc"表示项目符号为实心圆点●，默认符号。
- type="circle"表示项目符号为空心圆点○。
- type="square"表示项目符号为实心方块■。

实例 3-5-3 代码如下。

```
<html>
    <head>
        <title>无序列表</title>
    </head>
    <body>
        <font size=5 color=#800080 face=华文行楷>唐诗</font>
        <font size=3 color=#8a2be2 face=楷体>
        <ul>
            <li>绝句
            <li>春雪
            <li>逢雪宿芙蓉山主人
            <li>春晓
        </ul>
        </font>
        <font size=5 color=#800080 face=华文行楷>宋词</font>
        <font size=3 color=#40e0d0 face=幼圆>
        <ul type=square>
            <li>清平乐·雪
            <li>念奴娇·赤壁怀古
            <li>卜算子·咏梅
            <li>声声慢
        </ul>
        </font>
    </body>
</html>
```

网页效果如图 3-14 所示。

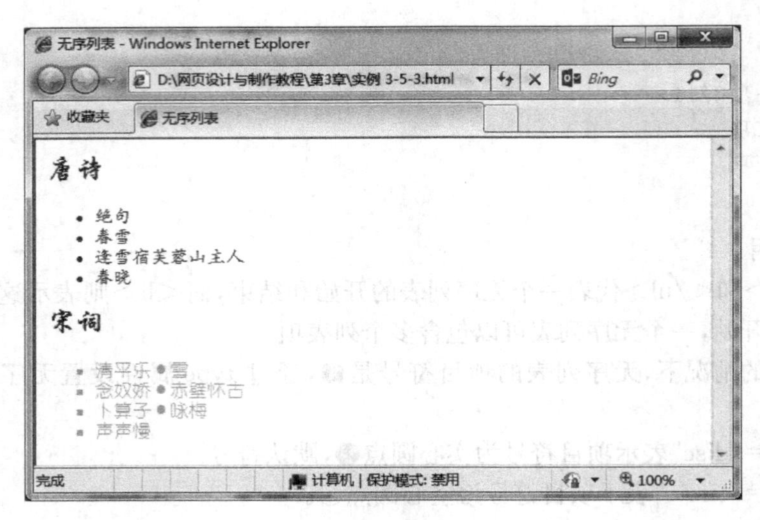

图 3-14　无序列表

3.5.4　列表的嵌套

将一个列表嵌入另一个列表中，作为另一个列表的一部分，称为嵌套列表。列表嵌套可以有多层，浏览器会自动地分层排列。

实例 3-5-4 代码如下。

```
<html>
    <head>
        <title>嵌套列表</title>
    </head>
    <body>
        <h3>目录</h3>
        <font color="blue">
        <ol>
            <li>唐诗</li>
            <li>宋词</li>
            <ul type="square">
                <li>清平乐·雪
                <li>念奴娇·赤壁怀古
                <li>卜算子·咏梅
                <li>声声慢
            </ul>
            <li>元曲</li>
            <li>现代诗歌</li>
            <li>长篇小说</li>
            <li>散文</li>
        </ol></font>
    </body>
</html>
```

网页效果如图 3-15 所示。

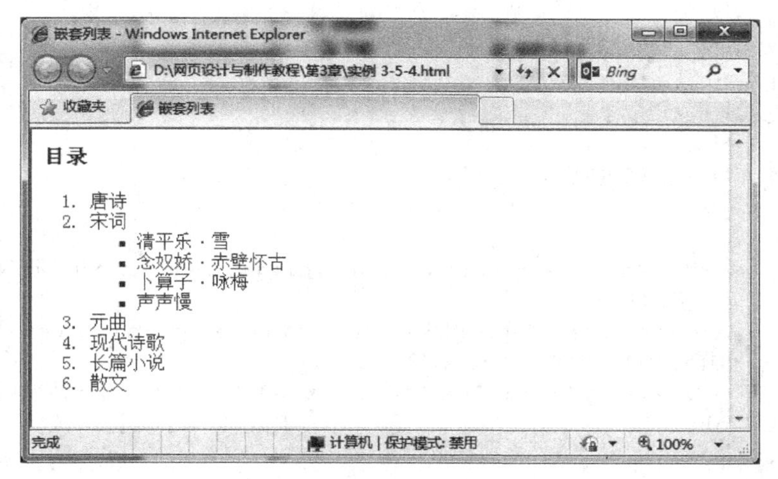

图 3-15　嵌套列表

3.6　超链接的建立

超链接就是从一个网页跳转到另一个网页的途径。超链接是网页的重要组成部分，如果说文字、图片是网站的躯体，那么超链接就是整个网站的神经细胞，它把整个网站的信息有机地结合到一起。链接能使浏览者从一个网页跳转到另一网页，实现文档相互链接、网站互连。

在 HTML 文件中，建立超链接的标签为<a>和</a>。

基本语法：

```
<a href="链接地址" target="窗口名称">超链接名称</a>
```

语法说明：

- 在该语法中，链接元素可以是文字，也可以是图片或者是其他元素。
- 超链接名称就是链接的源点，当鼠标被移到超链接名称处时会变成手状。此时，用户通过单击鼠标就可以到达链接的位置。
- 链接位置就是超链接的目标，可使用 URL 指定。URL 的格式是由通信协议、链接地址与文件位置所组成，语法如下：

  ```
  通信协议://链接地址/文件位置.../文件名称
  ```

- target 用于指定打开链接的目标窗口。target 常用的属性值有_blank(新建一个窗口打开)、_self(在同一个窗口打开)。target 属性的默认值是原窗口，如果将该名字设为与原窗口不同的名字，即可实现在新窗口中打开链接。其中的“窗口名称”是你给新窗口取的名字。

实例 3-6 代码如下。

```
<html>
    <head>
        <title>设置超链接</title>
    </head>
    <body>
        <p>
    在页面中存在以下链接
        </p>
        <ol>
            <li><a href="http://www.tup.tsinghua.edu.cn">在本窗口打开清华大
            学出版社网站</a>
            <li><a href="http://www.tup.tsinghua.edu.cn target="_blank">
           在新窗口打开清华大学出版社网站</a>
            <li><a href="pre.html" target="_self">在本窗口打开另一个文件</a>
        </ol>
    </body>
</html>
```

网页效果如图 3-16 至图 3-18 所示。

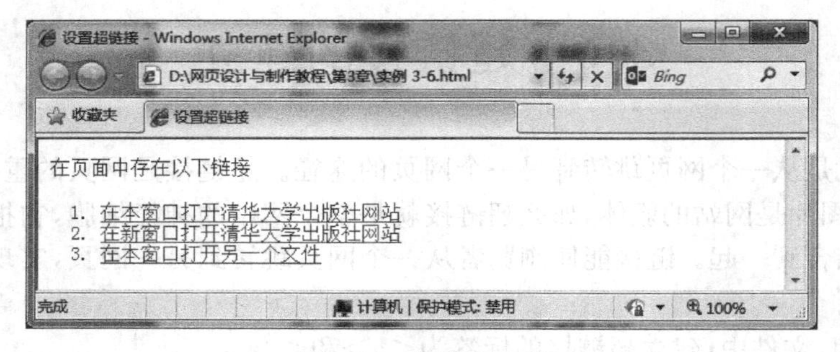

图 3-16　超链接页面

图 3-17　在原窗口打开效果图

图 3-18 在新窗口打开效果图

效果说明：在原窗口打开是默认效果，会覆盖原来网页的内容。在新窗口打开，会新建立一个选项卡（有的版本会弹出一个新窗口显示），原网页内容仍然存在于浏览器中。

3.6.1 插入内部链接

在浏览网页时，我们经常会看到一个很长的文档，我们既可以从头到尾浏览，也可以只挑选感兴趣的部分浏览。在 HTML 中，如果要实现这种功能，可以使用“在同一个文件中建立链接”来实现。

基本语法：

在要使用链接的地方：

```
<a href="#目标名称" target="窗口名称">超链接名称</a>
```

在链接到的地方：

```
<a name="目标名称">超链接名称</a>
```

实例 3-6-1 代码如下。

```
<html>
    <head>
        <title>定义书签</title>
    </head>
    <body>
```

```
        <h3>爱情测试：生鸡蛋代表恋爱观,熟鸡蛋代表婚姻观</h3>
          一个熟鸡蛋,一个生鸡蛋,让你选择放在 4 个不同的地方,你会把生鸡
        蛋放在哪里？又会把熟鸡蛋放在哪里？<br><br>
        <a href="#answerA">A：自己口袋里</a><br><br>
        <a href="#answerB">B：高高的树上</a><br><br>
        <a href="#answerC">C：流动的河里</a><br><br>
        <a href="#answerD">D：路边的花坛</a><br><br>
        <hr size=3><hr size=3>
        <a name="answerA">选择 A：自己口袋里</a><br>
             你对这份感情相当重视,认定自己可以永远拥有,并
        且希望对方是你的唯一。——专一<br><br>
        <hr size=2>
        <a name="answerB">选择 B：高高的树上</a><br>
               高高的树上- - 在这份感情中,你比较有控制欲,希
        望对方迁就你,以你为中心。你也比较自信。——眼光高<br><br>
        <hr size=2>
        <a name="answerC">选择 C：流动的河里</a><br>
               这种情况下,你的感情是飘忽不定的,原因可能来源
        于自己也或者来自对方,总之,你还没有把握。——花心<br><br>
        <hr size=2>
        <a name="answerD">选择 D：路边的花坛</a><br>
               路边的花坛里——你并不十分在意这份感情,至少
        这并不是你的最爱,你可以接受随时失去,也可以逐渐遗忘。——随缘
    </body>
</html>
```

网页效果如图 3-19 所示。

效果说明：单击 A 选项,网页会自动跳转到答案 A 处,将其显示在窗口的最上方。

3.6.2 插入外部链接

外部链接是指跳转到当前网页之外的其他网页中。这种外部链接一般需要用绝对地址,其中最常见的是使用 URL 统一资源定位 http://来表示。除此外还有一些其他格式,见表 3-4。

表 3-4 常用协议格式表

格　式	表示的含义	格　式	表示的含义
http://	通过 http 协议进入万维网	telnet://	启动远程登录
ftp://	通过 ftp 访问文件传输服务器	mailto://	直接启动邮件系统发送邮件

(1) 在网页中我们常常使用 HTTP 协议设置友情链接或者页面跳转。

基本语法：

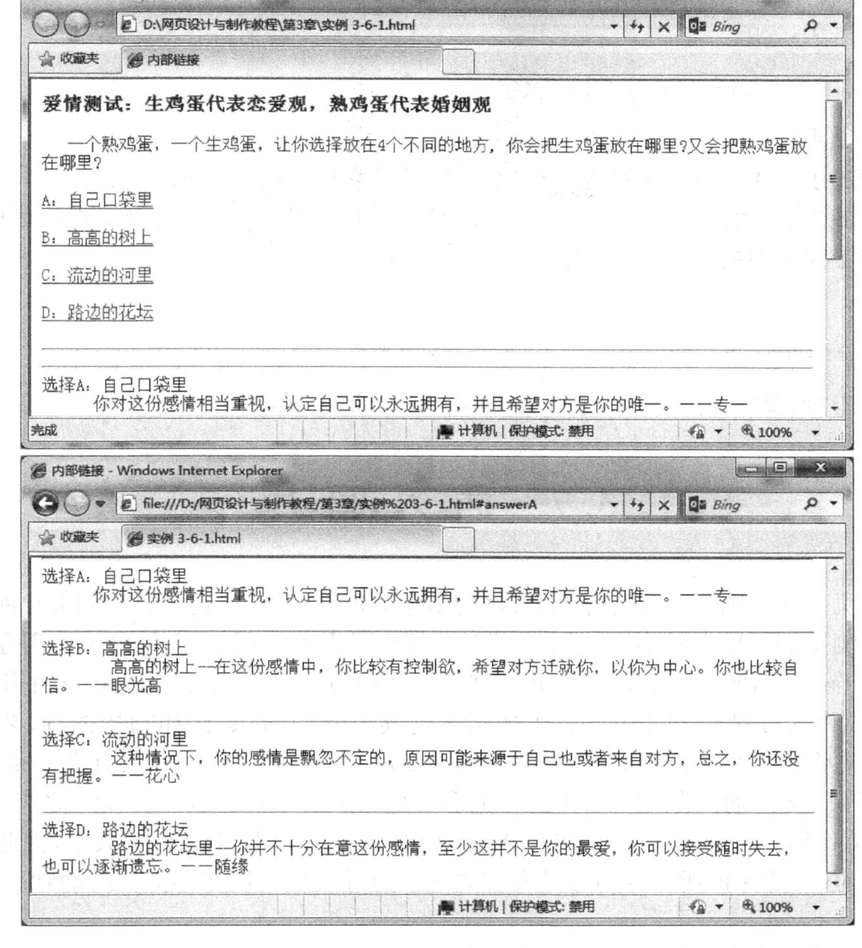

图 3-19　内部链接

```
<a href="http://…">链接文字</a>
```

语法说明：

http://表明这是 HTTP 协议的外部链接，在后面输入网站的地址即可。

(2) FTP(File Transfer Protocol)文件传输协议，用于 Internet 上的控制文件的双向传输。用户可以把自己的计算机与世界各地所有运行 FTP 协议的服务器相连，访问服务器上的大量程序和信息。

基本语法：

```
<a href=" ftp://…">链接文字</a>
```

语法说明：

ftp://表明这是关于 FTP 协议的外部链接，在后面输服务器的地址即可。

(3) Telnet 协议是 TCP/IP 协议族中的一员，是 Internet 远程登录服务的标准协议和主要方式。它为用户提供了在本地计算机上完成远程主机工作的能力。

基本语法：

```
<a href="telnet://地址">链接文字</a>
```

语法说明：

这种链接方式与以上两种方式类似，不同的是它登录的是 Telnet 站点。

(4) 如果想让用户在网页上通过链接，打开客户端邮件工具，直接发送电子邮件，可以在超链接标签中插入 mailto 的值。

例如：

```
<a href="mailto:123@gamil.com">点我发送邮件</a>
```

当单击“点我发送邮件”时，会自动启用 Outlook，发送邮件。

3.7 插入图片

在网页中加入图片，可以使网页表达的信息更加丰富，同时还可以起到美化网页的作用。目前浏览器可以显示 JPEG、BMP、PNG 和 GIF 图像。BMP 文件由于占用存储空间大，因此传输不够快，所以在网页中并不常用。常用的是 JPEG 文件、PNG 文件和 GIF 文件。JPEG 格式可保存 24 位颜色，适合用于连续色调的图像，比如扫描图片、艺术作品等。GIF 图像最多只能使用 256 种颜色(即只能保存 8 位颜色)，但其具有占存储空间小、下载速度快、支持动画效果、背景色可透明等特点，适合用于徽标、Logo 之类的图像。PNG 拥有 JPEG 和 GIF 的优点，PNG 采用无损压缩方式来减少文件的大小，因此在压缩图片的同时，又能保留所有与图像品质有关的信息，但 PNG 图像不能支持动画。

3.7.1 插入图像标签

在 HTML 中插入图片的标签是<img>，<img>标签是单标签，没有尾标签，当浏览器读到<img>标签时，会直接显示标签代表的图片。

基本语法：

```
<img src="图片的路径">
```

语法说明：

src 是<img>标签的必需属性，用于指出图片的路径，建议使用相对路径，因为如果网页中出现了重复的图片，浏览器只需要下载一次图片，可提高图片的显示速度。

实例 3-7-1 代码如下。

```
<html>
    <head>
        <title>插入图片</title>
```

```
    </head>
    <body>
        <img src="tp1.jpg">
    </body>
</html>
```

网页效果如图 3-20 所示。

图 3-20　插入图片

3.7.2　图像提示文字

当浏览器不能找到图片或者不能显示图片时，可以通过 alt 属性设置图片提示文字，代替看不到的图片。

基本语法：

```
<img src="图片路径" alt="提示文字">
```

实例 3-7-2 代码如下。

```
<html>
    <head>
        <title>插入图片</title>
    </head>
    <body>
        <img src="tpljpg" alt="这里有一张图片">
    </body>
</html>
```

网页效果如图 3-21 所示。

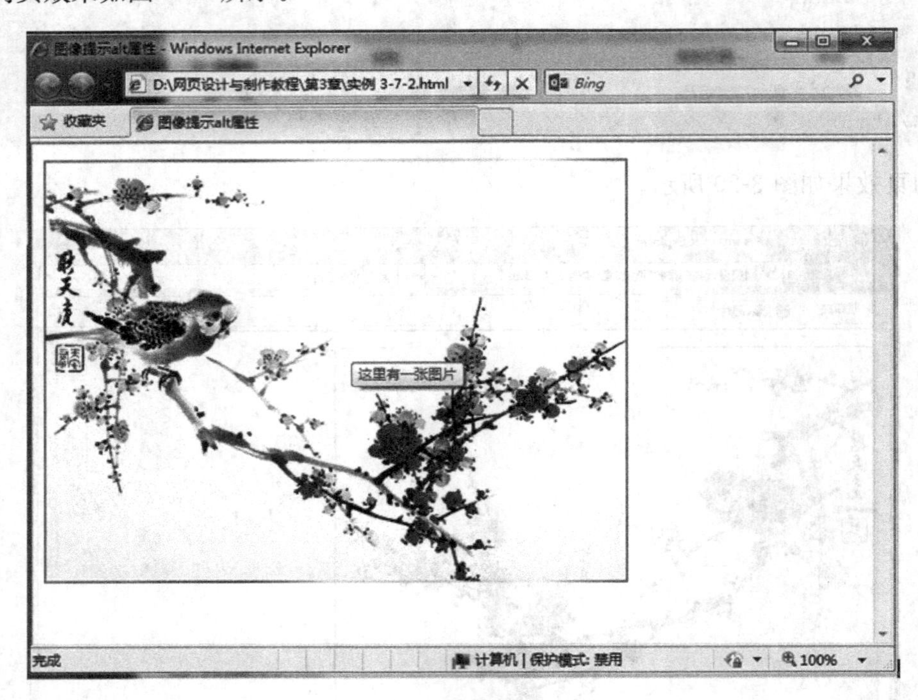

图 3-21　图像提示 alt 属性

效果说明：当把鼠标移到图像上面时，我们会看到 alt 提示信息。

3.7.3　设置图片的宽度和高度

在 HTML 文件中可以通过<img>标签的 width 和 height 属性改变图像的宽高，从而改变图像的大小。

基本语法：

```
<img src="图片路径" height="图像高度" width="图像宽度">
```

语法说明：

width 和 height 的取值可以为数字也可以为百分数，当我们只设定高度或者宽度其中的一个值时，图片会按照宽高的比例，自动调节另一个未设置的值。如果同时指定了宽度和高度的值，则会按给定的值来缩放图像。

实例 3-7-3 代码如下。

```
<html>
    <head>
        <title>设置图像的宽高</title>
    </head>
    <body>
        <img src="tp1.jpg">
```

```
        <img src="tp1.jpg" height="40% ">
        <img src="tp1.jpg" height="200">
        <img src="tp1.jpg" width="200" height="250">
    </body>
</html>
```

网页效果如图 3-22 所示。

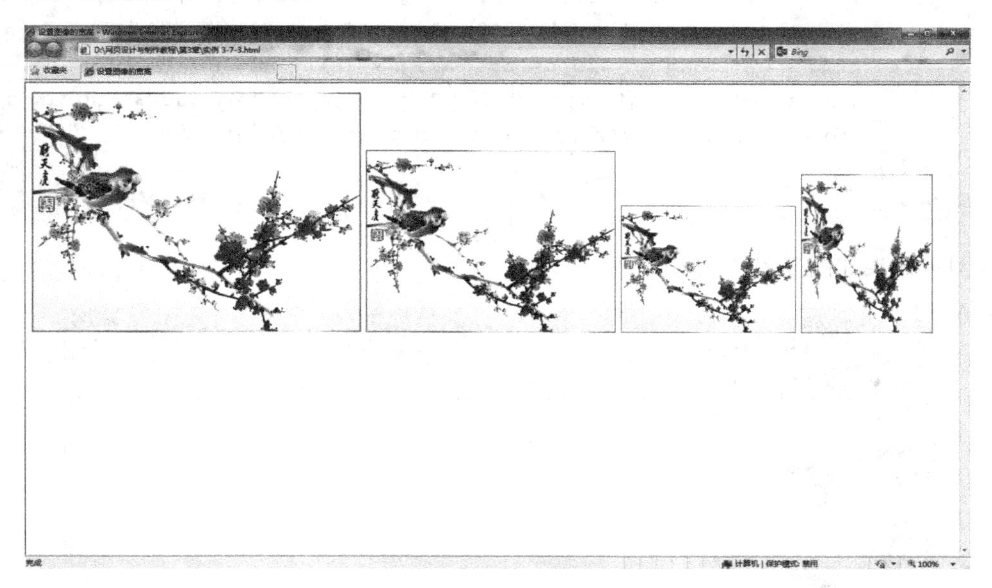

图 3-22　设置图像的宽高

3.7.4　设置图像对齐方式

在<img>标签中可以使用 align 属性，控制图像相对于文字基准线（文字中线）的水平对齐方式。

基本语法：

```
<img align=top、middle、bottom、left、right>
```

语法说明：

- top：把图像的顶部和文本的顶部对齐。
- middle：把图像与文本的行基准线中部对齐。
- bottom：把图像的底部和文字的底部对齐。
- left：把图片放在文字的左侧。
- right：把图片放在文字的右侧。

实例 3-7-4 代码如下。

```
<html>
    <head>
        <title>设置图像的对齐方式</title>
    </head>
    <body>
        <img src="tp1.jpg" width="150" align="top">顶对齐效果<br>
        <img src="tp1.jpg" width="150" align="middle">中对齐效果<br>
        <img src="tp1.jpg" width="150" align="bottom">底对齐效果<br>
        <img src="tp1.jpg" width="150" align="left">图片在左边<p>
        <img src="tp1.jpg" width="150" align="right">   
               图片在右边
    </body>
</html>
```

网页效果如图 3-23 所示。

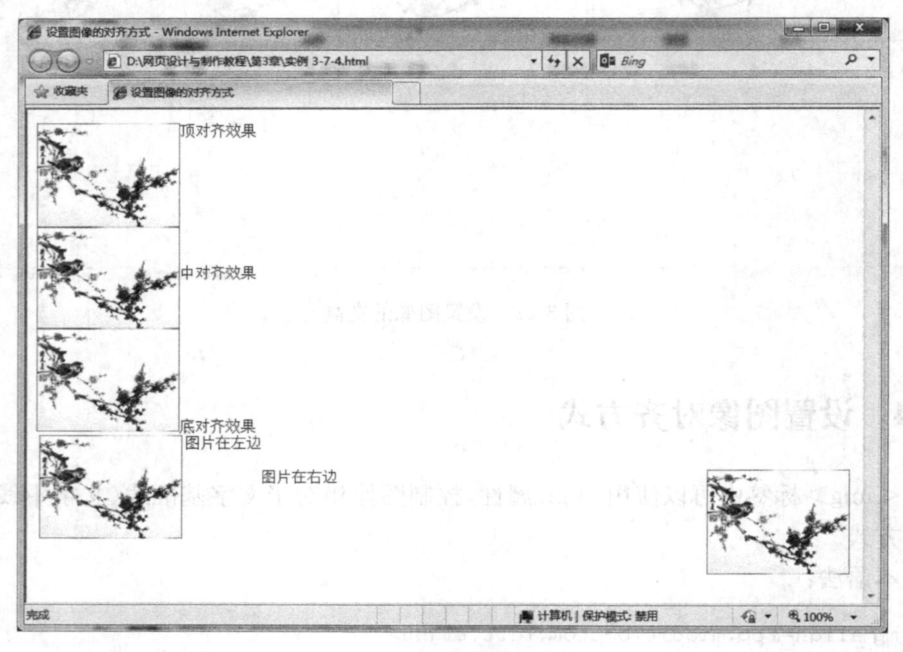

图 3-23　设置图像的对齐方式

3.7.5　设置图像与文本之间的距离

在 HTML 中可以通过<img>标签的 vspace 和 hspace 属性设置图片与其他文本之间的距离。

基本语法：

```
<img vspace=X hspace=Y>
```

语法说明：

- X、Y 为数值，单位为像素。
- vspace：调整图像与上下文本的距离。
- hspace：调整图像与左右文本的距离。

实例 3-7-5 代码如下。

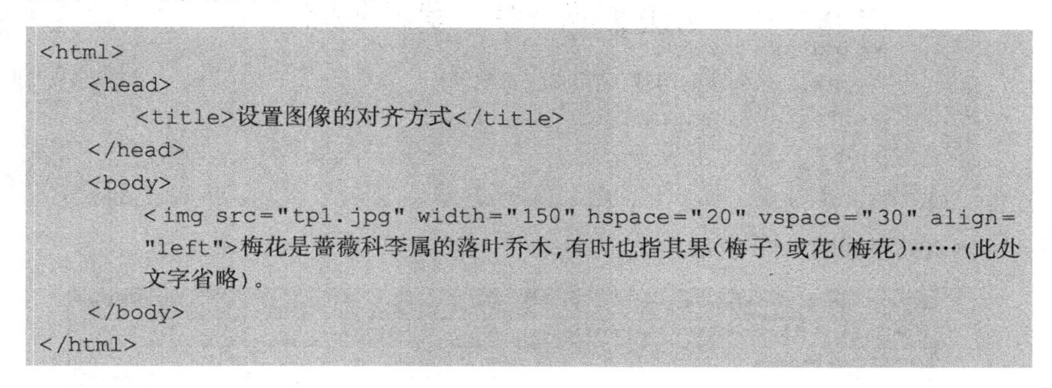

```
<html>
    <head>
        <title>设置图像的对齐方式</title>
    </head>
    <body>
        <img src="tp1.jpg" width="150" hspace="20" vspace="30" align=
        "left">梅花是蔷薇科李属的落叶乔木，有时也指其果（梅子）或花（梅花）……（此处
        文字省略）。
    </body>
</html>
```

网页效果如图 3-24 所示。

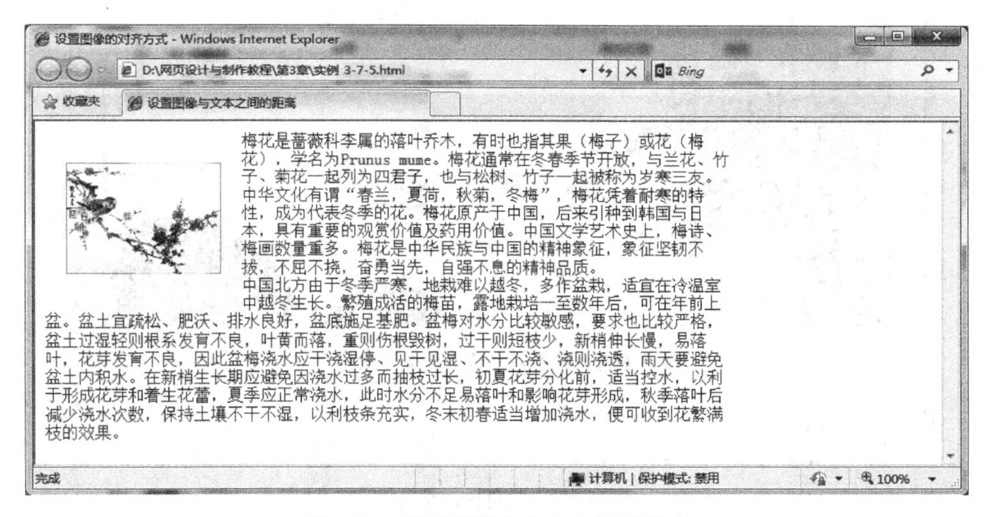

图 3-24　设置图像与文本之间的距离

3.8　综合应用实例

实例 3-8 代码如下。

```
<html>
    <head>
        <title>综合应用实例</title>
```

```
        <meta http-equiv="refresh" content="3;url=实例 3-8-1.html">
    </head>
    <body bgcolor="#F5ECDD" topmargin="100" leftmargin="50" rightmargin=
    "50">
        <center>
        <font face="华文行楷" size="5"><p>古诗词赏析<p>
        <img src="t1.jpg">
        <p>欢迎来到我的网站,请多提宝贵建议!
        </font></center>
    </body>
</html>
```

网页效果如图 3-25 所示。

图 3-25　欢迎界面效果图

网页说明：该页面是个欢迎页面，会在 3s 之后跳转到唐诗赏析页面(实例 3-8-1.html)。

实例 3-8-1 代码如下。

```
<html>
<head>
<title>
唐诗赏析
</title>
</head>
```

```
<body topmargin="40" leftmargin="50" rightmargin="50">
<body>
<table align="center" width="950" border="0"><!table 是表格标签>
  <tr height="115px"><!tr 是表格行标签>
    <td  align="center" background="bg1.gif"><b><i><font size="6" face=
"华文行楷" color="#660000">唐   诗   赏   析
</font></i></b></td>     <!td 是表格列标签>
  </tr>
<tr height="30">
    <td  align="center" background="bj-1.jpg"></td>
  </tr>
<tr>
   <td><font size="6" face="华文行楷" color="#660000">目录</font>
      <ol>
        <li><b><a href="#zaoqiu">早秋</a></b></li>
        <li><b><a href="#chunyu">春雨</a></b></li>
        <li><b><a href="#djlfht">登金陵凤凰台</a></b></li>
        <li><b><a href="#zwbcs">赠卫八处士</b></a></li>
  <tr>
<tr height="30">
    <td  align="center" background="bj-1.jpg"></td>
  </tr>
    <td align="center"><pre><font size="4" face="楷体"><b><a name=
    "zaoqiu">早秋</a></b>

许浑

<b>遥夜泛清瑟,西风生翠萝。
残萤栖玉露,早雁拂金河。
高树晓还密,远山晴更多。
淮南一叶下,自觉洞庭波。</b></font></pre>
</td>
  </tr>
  <tr>
    <td>
     【注释】
      <blockquote>
        <p>1.泛: 弹,犹流荡。<br>
          2.还密: 尚未凋零。<br>
          3.淮南两句: 用《淮南子·说山训》"见一叶落而知岁暮"和《楚辞·九歌·湘夫人》
            "洞庭波兮木叶下"意。
```

```
</p>
      </blockquote>
  【简析】
<blockquote>
<p>

这是咏早秋景物的咏物诗。题目是"早秋",因而处处落在"早"字。"残萤"、"早雁"、"晓还密"、"一叶下"、"洞庭波"都扣紧"早"字。俯察、仰视、近看、远望,从高低远近来描绘早秋景物,真是神清气足,悠然不尽。</p></blockquote>


</td>
  </tr>
<tr height="30">
    <td  align="center" background="bj-1.jpg"></td>
  </tr>
  <tr>
    <td align="center"><pre><font size="4" face="楷体"><b><a name="chunyu">春雨</a></b>

李商隐


<b>怅卧新春白袷衣,白门寥落意多违。
红楼隔雨相望冷,珠箔飘灯独自归。
远路应悲春畹晚,残宵犹得梦依稀。
玉珰缄札何由达,万里云罗一雁飞。</b></font></pre>
</td>
  </tr>
  <tr>
    <td>
      【注释】
      <blockquote>
        <p>1.白袷衣:即白夹衣,唐人以白衫为闲居便服。<br>
          2.白门:指今江苏南京市。<br>
          3.云罗:云片如罗纹。</p>
      </blockquote>
  【简析】
<blockquote>
<p>
这首诗是借助飘洒迷的春雨,抒发怅念远方恋人的情绪。开头先点明时令,再写旧地重寻之凄怆,继而写隔雨望楼,寻访落空之迷茫,终而只有相思相梦,缄札寄情。一步紧逼一步,怅念之情
```

```
恰似雨丝不绝如缕。诗的意境、感情、色调、气氛都是十分清晰明丽,优美动人。"红楼隔雨"与
"珠箔飘灯"二句,简直是一幅色彩明丽的图画。</p></blockquote>

</td>
  </tr>
<tr height="30">
    <td  align="center" background="bj-1.jpg"></td>
  </tr>
  <tr>
    <td align="center"><pre><font size="4" face="楷体"><b><a name=
    "djlfht">登金陵凤凰台</a></b>

李白

<b>凤凰台上凤凰游,凤去台空江自流。
吴宫花草埋幽径,晋代衣冠成古丘。
三山半落青天外,二水中分白鹭洲。
总为浮云能蔽日,长安不见使人愁。</b></font></pre>
</td>
  </tr>
  <tr>
    <td>
      【注释】
      <blockquote>
        <p>1.吴宫:三国时孙吴曾于金陵建都筑宫。<br>
          2.晋代:指东晋,南渡后也建都于金陵。<br>
          3.衣冠:指当时名门世族。<br>
          4.成古丘:意谓这些人物今已剩下一堆古墓了。
</p>
      </blockquote>
  【简析】
<blockquote>
<p>

李白极少写律诗,而他的这首诗,却是唐代律诗中脍炙人口的杰作。诗虽属咏古迹,然而字里行
间隐寓着伤时的感慨。开头两句写凤凰台的传说,点明了凤去台空,六朝繁华,一去不返。三、
四句就"凤凰台"进一步发挥,东吴、东晋的一代风流也进入坟墓,灰飞烟灭。五、六句写大自然
的壮美。对仗工整,气象万千。最后两句,面向唐都长安现实,暗示皇帝被奸邪包围,自身报国
无门,十分沉痛。此诗与崔颢《登黄鹤楼》相较,可谓"工力悉敌"。其中二联,虽是感事写景,意
义比之崔诗中二联深刻得多。结句寄寓爱君之忧,抒发忧国伤时的怀抱,意旨尤为深远。但李
诗就气魄而言,却远不及崔诗的宏伟。</p></blockquote>
```

```
</td>
  </tr>
<tr height="30">
    <td  align="center" background="bj-1.jpg"></td>
  </tr>
  <tr>
    <td align="center"><pre><font size="4" face="楷体"><b><a name=
"zwbcs">赠卫八处士</a></b>
杜甫

<b>人生不相见,动如参与商。
今夕复何夕,共此灯烛光。
少壮能几时,鬓发各已苍。
访旧半为鬼,惊呼热中肠。
焉知二十载,重上君子堂。
昔别君未婚,儿女忽成行。
怡然敬父执,问我来何方。
问答乃未已,驱儿罗酒浆。
夜雨剪春韭,新炊间黄粱。
主称会面难,一举累十觞。
十觞亦不醉,感子故意长。
明日隔山岳,世事两茫茫。</b></font></pre>
</td>
  </tr>
  <tr>
    <td>
      【注释】
      <blockquote>
        <p>1.参与商:星座名,参星在西而商星在东,当一个上升,另一个下沉,故不相见。
              <br>
          2.间:掺合。<br>
          3.故意:故交的情意。</p>
      </blockquote>
  【简析】
<blockquote>
<p>
此诗作于诗人被贬华州司功参军之后。诗写偶遇少年知交的情景,抒写了人生聚散不定,故友相见,格外亲。然而暂聚忽别,却又觉得世事渺茫,无限感慨。诗的开头四句,写久别重逢,从离别说到聚首,亦悲亦喜,悲喜交集。第五至八句,从生离说到死别。透露了干戈乱离、人命危浅的现实。从"焉知"到"意长"十四句,写与卫八处士的重逢聚首以及主人及其家人的热情款待。表达诗人对生活美和人情美的珍视。最后两句写重会又别之伤悲,低徊婉转,耐人寻味。全诗平易真切,层次井然。</p></blockquote>
```

```
</td>
  </tr>
<tr height="30">
    <td  align="center" background="bj-1.jpg"></td>
  </tr>
</table>
<hr size="2px" width="950px" align="center">
<p align="center">Copyrigt&copy;2016 唐诗赏析网 All Rights Reserved</p>
</body>
</html>
<tr style="background-color:aliceblue">
<td align="center">确认密码</td>
<td><input type="password" name="name3"> * * * </td>
</tr>
<tr>
<td align="center">密码提示问题</td>
<td><input type="text" name="name4"> * * * </td>
</tr>
<tr style="background-color:aliceblue">
<td align="center">密码提示问题答案</td>
<td width="28"><textarea name="name5" rows="3" cols="30"></textarea>
</td>
</tr>
<tr>
<td colspan="2" align="center">
<input type="submit" value="注册完成">
<input type="reset" value="取消">
</td>
</tr>
<tr height="25">
<td colspan="2" style="background-color:#e1c3e8"></td>
</tr>
</table>
</form>
</body>
</html>
```

网页效果如图 3-26 所示。

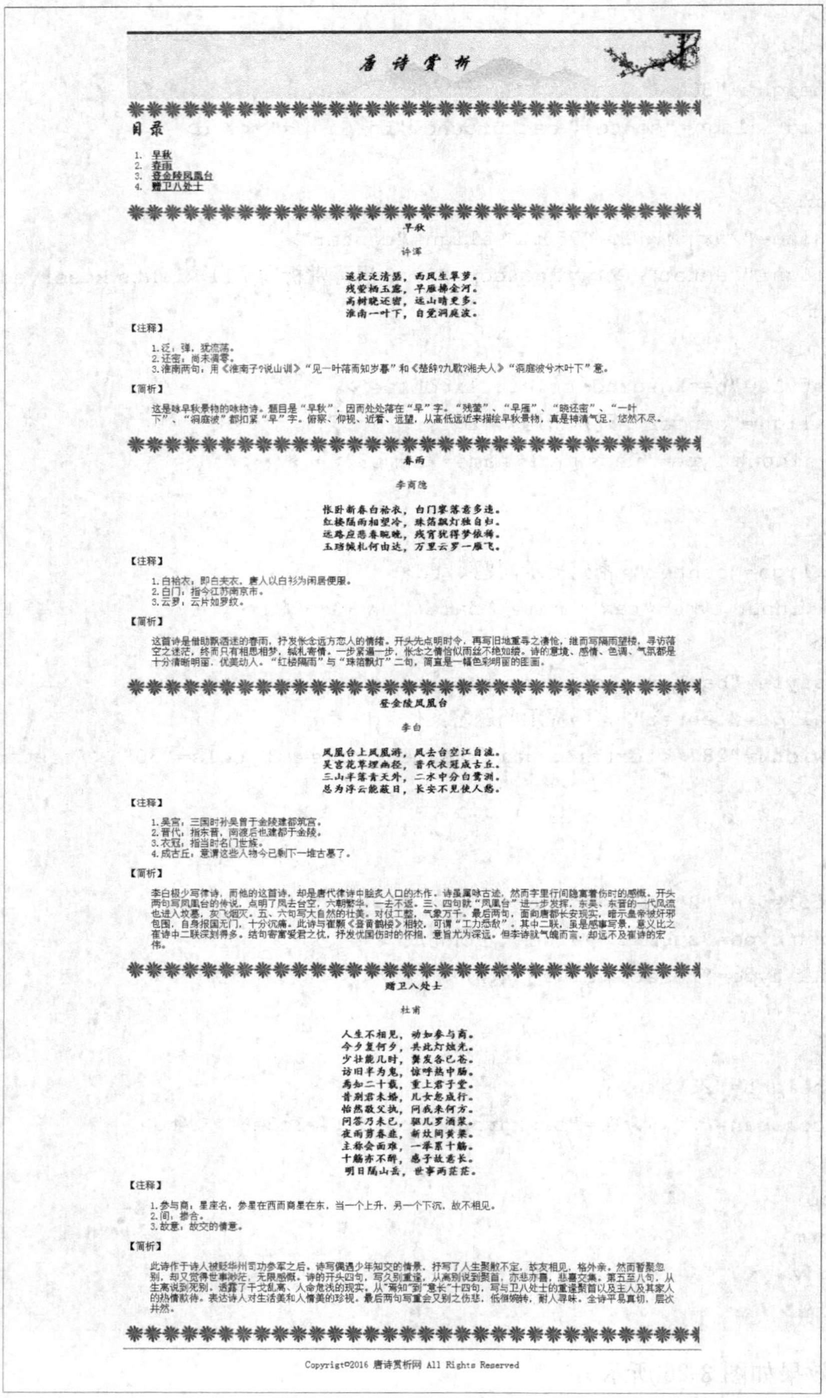

唐诗赏析

目录

1. 早秋
2. 春雨
3. 登金陵凤凰台
4. 赠卫八处士

早秋

许浑

遥夜泛清瑟，西风生翠萝。
残萤栖玉露，早雁拂金河。
高树晓还密，远山晴更多。
淮南一叶下，自觉洞庭波。

【注释】

1.泛：弹，犹流荡。
2.还密：尚未凋零。
3.淮南两句：用《淮南子?说山训》“见一叶落而知岁暮”和《楚辞?九歌?湘夫人》“洞庭波兮木叶下”意。

【简析】

这是咏早秋景物的咏物诗。题目是“早秋”，因而处处落在“早”字。“残萤”、“早雁”、“晓还密”、“一叶下”、“洞庭波”都扣紧“早”字。俯察、仰视、近看、远望，从高低远近来描绘早秋景物，真是神清气足，悠然不尽。

春雨

李商隐

怅卧新春白袷衣，白门寥落意多违。
红楼隔雨相望冷，珠箔飘灯独自归。
远路应悲春晼晚，残宵犹得梦依稀。
玉珰缄札何由达，万里云罗一雁飞。

【注释】

1.白袷衣：即白夹衣，唐人以白衫为闲居便服。
2.白门：指今江苏南京市。
3.云罗：云片如罗纹。

【简析】

这首诗是借助飘洒迷的春雨，抒发怅念远方恋人的情绪。开头先点明时令，再写旧地重寻之凄怆，继而写隔雨望楼，寻访落空之迷茫，终而只有相思相梦，缄札寄情。一步紧逼一步，怅念之情恰似雨丝不绝如缕。诗的意境、感情、色调、气氛都是十分清晰明丽，优美动人。“红楼隔雨”与“珠箔飘灯”二句，简直是一幅色彩明丽的图画。

登金陵凤凰台

李白

凤凰台上凤凰游，凤去台空江自流。
吴宫花草埋幽径，晋代衣冠成古丘。
三山半落青天外，二水中分白鹭洲。
总为浮云能蔽日，长安不见使人愁。

【注释】

1.吴宫：三国时孙吴曾于金陵建都筑宫。
2.晋代：指东晋，南渡后也建都于金陵。
3.衣冠：指当时名门世族。
4.成古丘：意谓这些人物今已剩下一堆古墓了。

【简析】

李白极少写律诗，而他的这首诗，却是唐代律诗中脍炙人口的杰作。诗虽属咏古迹，然而字里行间隐寓着伤时的感慨。开头两句写凤凰台的传说，点明了凤去台空，六朝繁华，一去不返。三、四句就“凤凰台”进一步发挥，东吴、东晋的一代风流也进入坟墓，灰飞烟灭。五、六句写大自然的壮美。对仗工整，气象万千。最后两句，面向唐都长安现实，暗示皇帝被奸邪包围，自身报国无门，十分沉痛。此诗与崔颢《登黄鹤楼》相较，可谓“工力悉敌”。其中二联，虽是感事写景，意义比之崔诗中二联深刻得多。结句寄寓爱君之忧，抒发忧国伤时的怀抱，意旨尤为深远。但李诗就气魄而言，却远不及崔诗的宏伟。

赠卫八处士

杜甫

人生不相见，动如参与商。
今夕复何夕，共此灯烛光。
少壮能几时，鬓发各已苍。
访旧半为鬼，惊呼热中肠。
焉知二十载，重上君子堂。
昔别君未婚，儿女忽成行。
怡然敬父执，问我来何方。
问答乃未已，驱儿罗酒浆。
夜雨剪春韭，新炊间黄粱。
主称会面难，一举累十觞。
十觞亦不醉，感子故意长。
明日隔山岳，世事两茫茫。

【注释】

1.参与商：星座名，参星在西而商星在东，当一个上升，另一个下沉，故不相见。
2.间：掺合。
3.故意：故交的情意。

【简析】

此诗作于诗人被贬华州司功参军之后。诗写偶遇少年知交的情景，抒写了人生聚散不定，故友相见，格外亲。然而暂聚忽别，却又觉得世事渺茫，无限感慨。诗的开头四句，写久别重逢，从离别说到聚首，亦悲亦喜，悲喜交集。第五至八句，从生离说到死别，透露了干戈乱离、人命危浅的现实。从"焉知"到"意长"十四句，写与卫八处士的重逢聚首以及主人及其家人的热情款待。表达诗人对生活美和人情美的珍视。最后两句写重会又别之伤悲，低徊婉转，耐人寻味。全诗平易真切，层次井然。

Copyrigt©2016 唐诗赏析网 All Rights Reserved

图 3-26　唐诗赏析网页效果图

实例代码中，以＜html＞开始，以＜/html＞结束，这两个标签之间的代码是 HTML 代码。以＜style＞开始，以＜/style＞结束，这两个标签之间的代码定义了 CSS 样式，此段代码定义标题 2(h2)的字体、字号和颜色。以＜Script＞开始，以＜/Script＞结束，这两个标签之间的代码是 JavaScript 脚本语言，此段代码用来实现注册表单中的控件是否为空的检查。具体语法将在后面的章节详细讲解。

第4章 HTML表格的应用

4.1 表格的概述

表格在网页制作中有很大的作用，在 Internet 上浏览网页时，许多页面都使用了表格技术。表格由不同行和列的单元格组成，常用于组织和显示数据信息，表格可以实现网页的精确排版和定位。由于 HTML 的表格非常灵活，许多较复杂的页面布局也可以利用表格来完成。

定义表格常常会用到如表 4-1 所示的标签。

表 4-1　表格常用元素标签和说明

标　签	说　明	标　签	说　明
<table>	表格标记	<th>	表头标记
<tr>	行标记	<caption>	表格标题
<td>	列标记		

4.1.1 设置基本表格结构

定义表结构需要成对出现<table></table>、<tr></tr>、<td></td>标签。在 HTML 中，在需要使用表格的地方插入成对的<table></table>标签，就可以很简单地完成表格的插入。每个表格均有若干行(由<tr> 标签定义)，每行被分隔为若干单元格(由<td> 标签定义)。字母 td 指表格数据(table data)，即数据单元格的内容。数据单元格可以包含文本、图片、列表、段落、表单、水平线、表格等。

基本语法：

```
<table>
  <tr>
   <td></td>
  </tr>
</table>
```

语法说明：

- <table>定义表结构；
- <tr>定义行结构；
- <td>定义列结构。

实例 4-1-1 代码如下。

```
<html>
<head>
    <title>设置表格的基本结构</title>
</head>
  <body>
  <table border="1">
      <tr>
        <td>行 1,列 1</td>
        <td>行 1,列 2</td>
      </tr>
      <tr>
        <td>行 2,列 1</td>
        <td>行 2,列 2</td>
      </tr>
  </table>
  </body>
</html>
```

网页效果如图 4-1 所示。

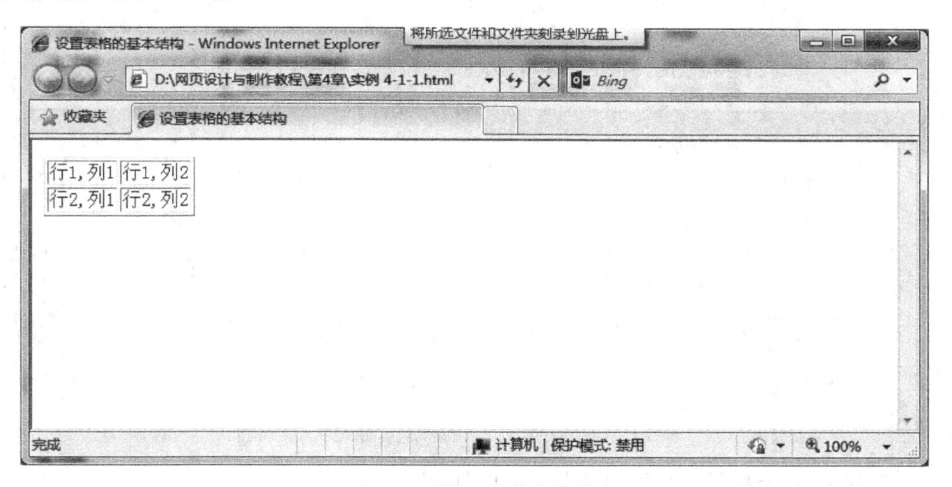

图 4-1　设置基本表结构

4.1.2　设置表格标题

表格标题如同 Word 文件中的题注或者表注。在 HTML 文件中使用成对的

<caption> </caption>标签插入表格标题，该标题应用于<table>和<tr>标签之间的任何位置。

基本语法：

```
<table>
  <caption>插入表格标题</caption>
  <tr>
  </tr>
  <tr>
   <td></td>
  </tr>
</table>
```

语法说明：

在 HTML 文件中，使用成对<caption></caption>标签给表格插入标题。

实例 4-1-2 代码如下。

```
<html>
  <head>
      <title>插入表格标题</title>
  </head>
  <body>
      <h4>这个表格有一个标题，以及粗边框：</h4>
      <table border="6">
          <caption>我的标题</caption>
          <tr>
              <td>100</td>
              <td>200</td>
              <td>300</td>
          </tr>
          <tr>
              <td>400</td>
              <td>500</td>
              <td>600</td>
          </tr>
      </table>
</body>
```

这个表格有一个标题，以及粗边框，效果如图 4-2 所示。

4.1.3 设置表格表头

在 HTML 文件中，插入表格并需要给表格定义表头内容时，使用成对<th>标签就可以实现。表头内容使用的是粗体样式显示，默认的对齐方式是居中对齐。

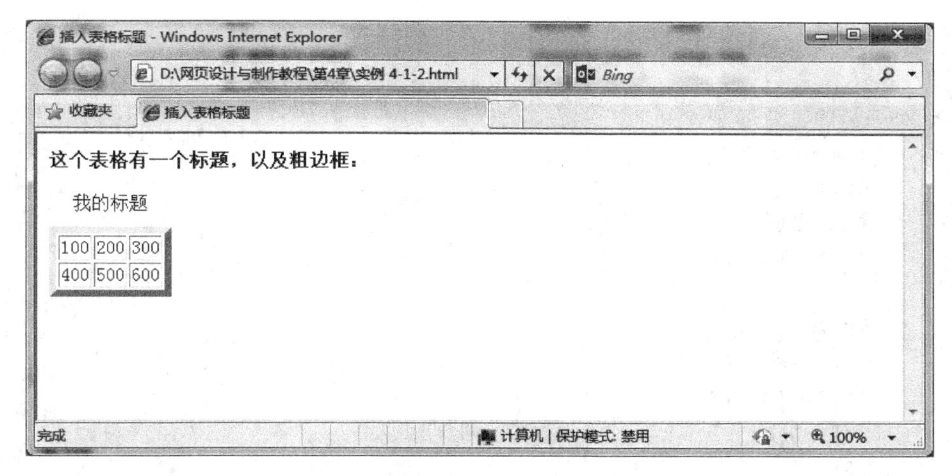

图 4-2　插入表格标题

基本语法：

```
<table>
  <tr>
   <th>…</th>
  </tr>
  <tr>
   <td></td>
  </tr>
</table>
```

语法说明：在 HTML 文件中，要将某一行作为表格文件的表头，只要将该行包含的列标签<td>改为<th>即可。

实例 4-1-3 代码如下。

```
<html>
    <head>
        <title>设置表格表头</title>
    </head>
    <body>
        <h4>表头：</h4>
        <table border="1">
          <tr>
            <th>星期一</th>
            <th>星期二</th>
            <th>星期三</th>
          </tr>
          <tr>
            <td>HTML</td>
            <td>HTML</td>
            <td>CSS</td>
```

```
        </tr>
</table>
<h4>垂直的表头：</h4>
<table border="1">
    <tr>
    <th>星期一</th>
    <td>HTML </td>
    </tr>
    <tr>
    <th>星期二</th>
    <td>HTML </td>
    </tr>
    <tr>
    <th>星期三</th>
    <td>CSS</td>
    </tr>
</table>
</body>
</html>
```

网页文件中的表头会加粗显示，效果如图 4-3 所示。

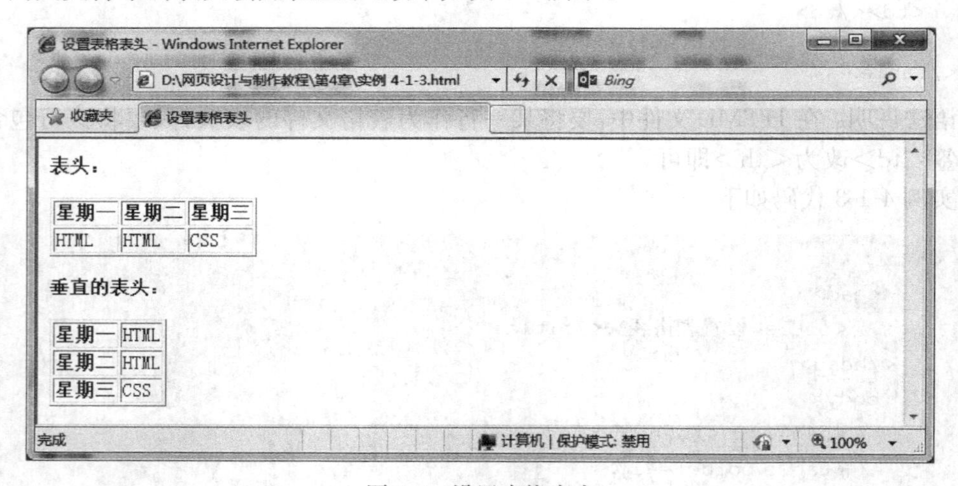

图 4-3　设置表格表头

4.2　设置表格标签属性

表格是网页文件中布局额的重要元素，制作网页时常常需要对网页进行设置，对表格的设置实际就是实质就是对表格标签属性的一些设置。

4.2.1 设置表格的宽度

为了满足网页的实际要求，需要对表格的宽度有一定的设置，在 HTML 文件中更改表格标签<table>中的 width 属性就可以实现。

基本语法：

```
<table width="">
  <tr>
    <td></td>
  </tr>
</table>
```

语法说明：

在 HTML 文件中，<table>标签中的 width 用于设置表格的宽度。

实例 4-2-1 代码如下。

```
<html>
    <head>
        <title>设置表格的宽度</title>
    </head>
      <body>
        <table width="500" border="1">
        <tr>
          <td> </td>
          <td> </td>
          <td> </td>
        </tr>
        </table>
        <table width="200" border="1">
        <tr>
          <td> </td>
          <td> </td>
          <td> </td>
        </tr>
        </table>
    </body>
</html>
```

网页效果如图 4-4 所示。

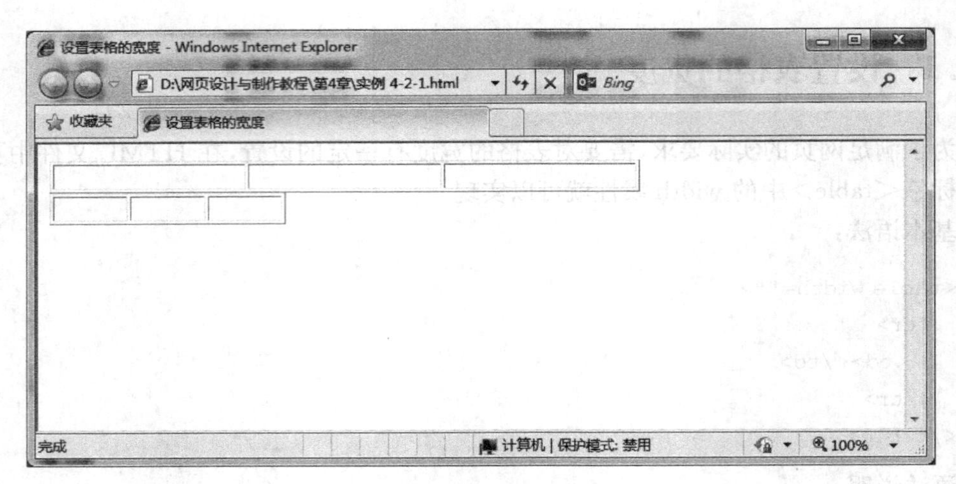

图 4-4　设置表格宽度

4.2.2　设置行的高度

为了满足网页的实际要求，需要对表格的行高有一定的设置，在 HTML 文件中设置表格标签<tr>中的 height 属性就可以实现。

基本语法：

```
<table>
  <tr height="">
    <td></td>
  </tr>
</table>
```

语法说明：

在 HTML 文件中，<tr>标签中的 height 用于设置表格的行高。

实例 4-2-2 代码如下。

```
<html>
    <head>
        <title>设置表格的行高</title>
    </head>
    <body>
        <table width="500" border="1">
          <tr height=50>
            <td> </td>
            <td> </td>
            <td> </td>
          </tr>
        </table>
```

```
        <table width="200" border="1">
          <tr height=100>
            <td> </td>
            <td> </td>
            <td> </td>
          </tr>
        </table>
    </body>
</html>
```

网页效果如图 4-5 所示。

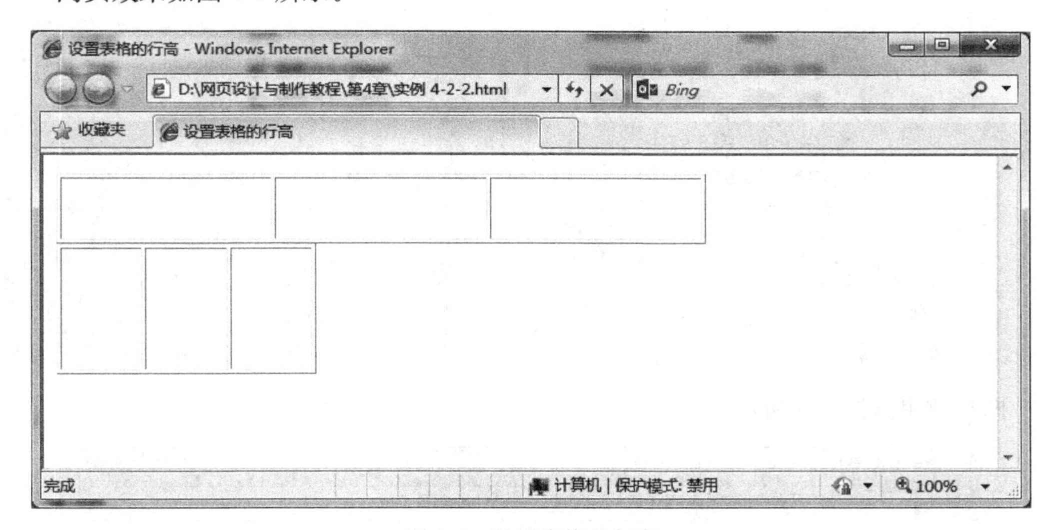

图 4-5　设置表格的行高

4.2.3　设置表格的边框属性

在网页实际中，经常会对表格的边框属性进行一些特殊的设置。

基本语法：

```
<table border="">
  <tr>
  <td></td>
  </tr>
</table>
```

语法说明：

border 属性用于设置边框的粗细。

实例 4-2-3 代码如下。

```
<html>
    <head>
        <title>设置表格的边框粗细</title>
    </head>
    <body>
        <table width="500" border="2">
          <tr>
            <td> </td>
            <td> </td>
            <td> </td>
          </tr>
        </table>
        <table width="200" border="1">
          <tr>
            <td> </td>
            <td> </td>
            <td> </td>
          </tr>
        </table>
    </body>
</html>
```

网页效果如图 4-6 所示。

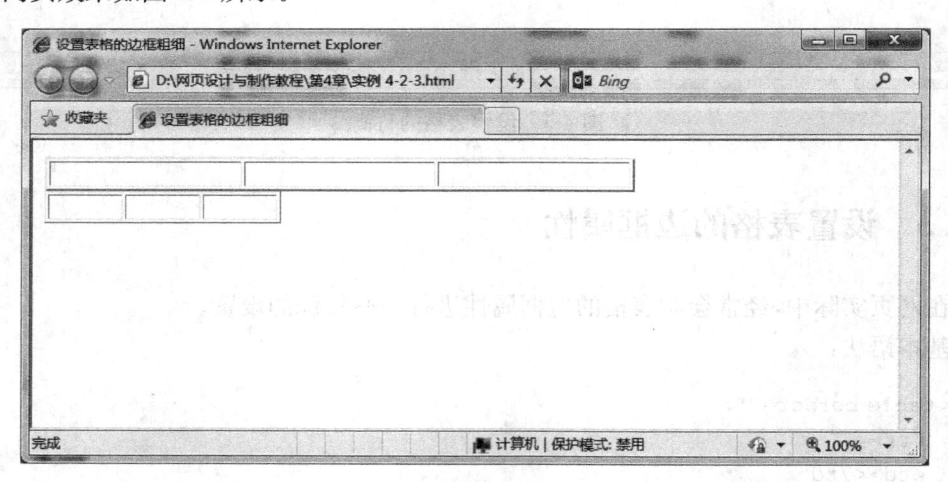

图 4-6　设置表格的边框粗细

4.2.4　设置边框的样式

在 HTML 文件中，利用<table>标签中的 frame 属性可以设置表格边框的样式，frame 常见的属性如表 4-2 所示。

表 4-2 frame 的常见属性

属性值	说明	属性值	说明
above	显示上边框	lhs	显示左边框
border	显示上下左右边框	rhs	显示右边框
below	显示下边框	void	不显示边框
hsides	显示上下边框	vsides	显示左右边框

基本语法：

```
<table frame="">
  <tr>
    <td></td>
  </tr>
</table>
```

语法说明：

在 HTML 文件中，对表格边框进行一些特殊样式设置时，需要使用 frame 进行设置。

实例 4-2-4 代码如下。

```
<html>
    <head>
        <title>设置边框样式</title>
    </head>
    <body>
        <p>Table with frame="hsides ":</p>
        <table frame="hsides">
          <tr>
          <th>月份</th>
          <th>通讯费</th>
          </tr>
          <tr>
          <td>一月</td>
          <td>￥100.00</td>
          </tr>
        </table>
        <p>Table with frame="vsides":</p>
        <table frame="vsides">
        <tr>
        <th>月份</th>
        <th>通讯费</th>
        </tr>
        <tr>
```

```
            <td>一月</td>
            <td>￥100.00</td>
          </tr>
        </table></body>
</html>
```

网页效果如图 4-7 所示。

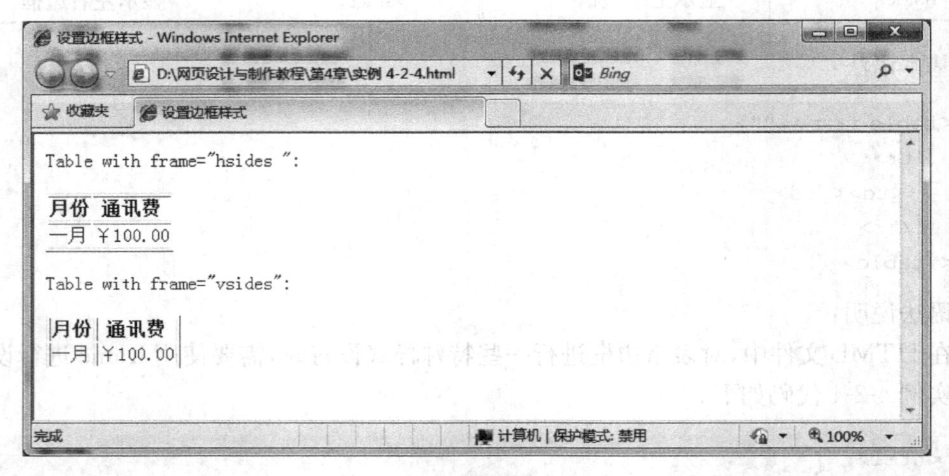

图 4-7 设置边框样式

4.3 设置表格行与单元格

在 HTML 文件中，插入表格行的标签为<tr>，同时<tr>标签主要用于设定表格中某一行的属性，<td>标签包含的属性主要用于设置表格单元格的属性。

4.3.1 调整行内容水平对齐

在网页文件中，行内容的方式有左对齐(left)、右对齐(right)和居中对齐(center)。设置水平对齐方式需要设置<tr>标签的 align 属性值。常用的 align 属性值有 left、right 和 center。

基本语法：

```
<table>
<tr align="">
</tr>
<tr>
<td></td>
</tr>
```

```
</table>
```

语法说明：

在 HTML 文件中，设置行内容水平对齐方式常用的有：

- left 设置内容左对齐。
- right 设置内容右对齐。
- center 设置内容居中对齐。

实例 4-3-1 代码如下。

```
<html>
    <head>
        <title>调整行内容水平对齐</title>
    </head>
    <html>

    <body>

    <table width="400" border="1">
      <tr>
        <th align="left">消费项目....</th>
        <th align="right">一月</th>
        <th align="right">二月</th>
      </tr>
      <tr>
        <td align="left">衣服</td>
        <td align="right">¥500.00</td>
        <td align="right">¥400.00</td>
      </tr>
      <tr>
        <td align="left">交通费</td>
        <td align="right">¥150.00</td>
        <td align="right">¥200.00</td>
      </tr>
      <tr>
        <td align="left">食物</td>
        <td align="right">¥600.00</td>
        <td align="right">¥750.00</td>
      </tr>
      <tr>
        <th align="left">总计</th>
        <th align="right">¥1250.00</th>
        <th align="right">¥1350.00</th>
      </tr>
    </table>
    </body>
</html>
```

网页效果如图 4-8 所示。

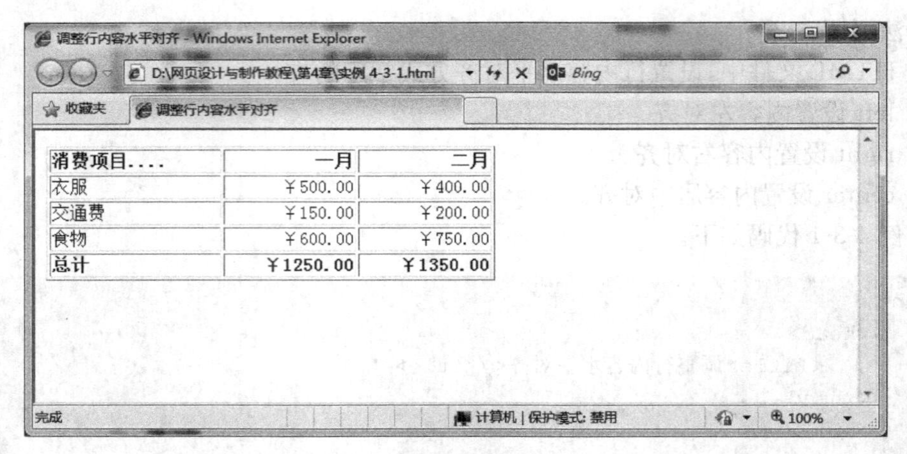

消费项目....	一月	二月
衣服	¥500.00	¥400.00
交通费	¥150.00	¥200.00
食物	¥600.00	¥750.00
总计	¥1250.00	¥1350.00

图 4-8　调整行内容水平对齐

4.3.2　调整行内容垂直对齐

在网页文件中，行内容的垂直对齐方式有顶端对齐(top)、居中对齐(middle)、底部对齐(bottom)和基线(baseline)。设置垂直对齐方式需要设置<td>标签的 valign 属性值。常用的 valign 属性值有 top、middle、bottom 和 baseline。

基本语法：

```
<table>
<tr align="">
</tr>
<tr>
<td></td>
</tr>
</table>
```

语法说明：

在 HTML 文件中，设置行内容常用的 4 种垂直对齐方式有：

- top：内容顶端对齐。
- middle：内容居中对齐。
- bottom：内容底端对齐。
- baseline：内容基线对齐。

实例 4-3-2 代码如下。

```
<html>
    <head>
        <title>调整行内容垂直对齐</title>
    </head>
    <body>
```

```
    <table width="400" border="1">
      <tr>
        <th>消费项目....</th>
        <th>一月</th>
        <th>二月</th>
      </tr>
      <tr height=50>
        <td valign="top">衣服</td>
        <td valign="middle">￥500.00</td>
        <td valign="bottom">￥400.00</td>
      </tr>
      <tr height=50>
        <td valign="top">交通费</td>
        <td valign="middle">￥150.00</td>
        <td valign="bottom">￥200.00</td>
      </tr>
      <tr height=50>
        <td valign="top">食物</td>
        <td valign="middle">￥600.00</td>
        <td valign="bottom">￥750.00</td>
      </tr>
      <tr>
        <th>总计</th>
        <th>￥1250.00</th>
        <th>￥1350.00</th>
      </tr>
    </table>
  </body>
</html>
```

网页效果如图 4-9 所示。

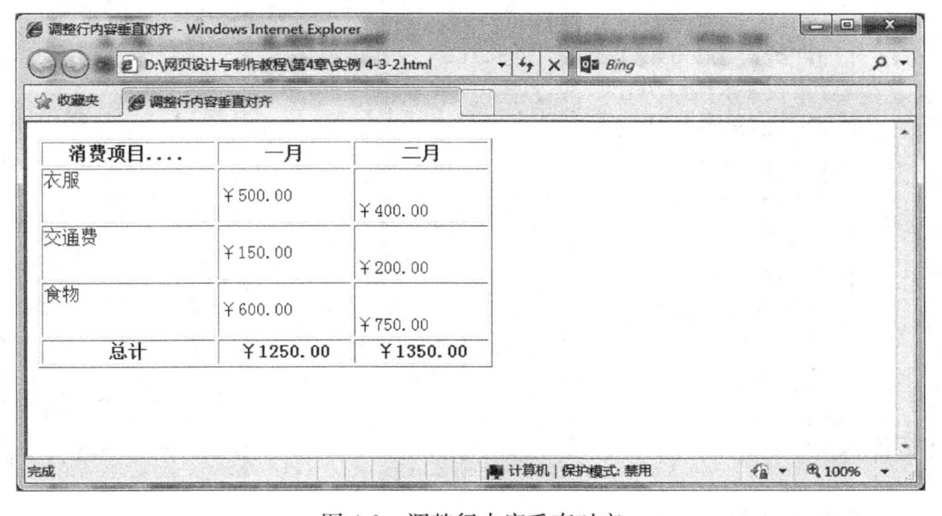

图 4-9　调整行内容垂直对齐

效果说明：表格中第二行到第四行中，第一列内容顶端对齐，第二列内容句中对齐，第三列底端对齐。

4.3.3 设置跨行

在网页制作过程中，有时需要对网页中的表格进行单元格的纵向合并，这在网页中称为设置跨行。

基本语法：

```
<table>
  <tr>
    <td rowlspan="value"></td>
    <td></td>
  </tr>
</table>
```

语法说明：

在 HTML 文件中，设置单元格的跨行，只要设置<td>标签中的 rowspan 的属性值即可实现。

实例 4-3-3 代码如下。

```
<html>
    <head>
        <title>设置跨行</title>
    </head>
    <body>
        <table border=1>
          <tr>
            <td rowspan="2">第一行</td>
            <td>HTML</td>
            <td>HTML </td>
            <td>HTML </td>
          </tr>
          <tr>
            <td>HTML </td>
            <td>HTML </td>
            <td>HTML </td>
          </table>
    </body>
</html>
```

网页效果如图 4-10 所示。

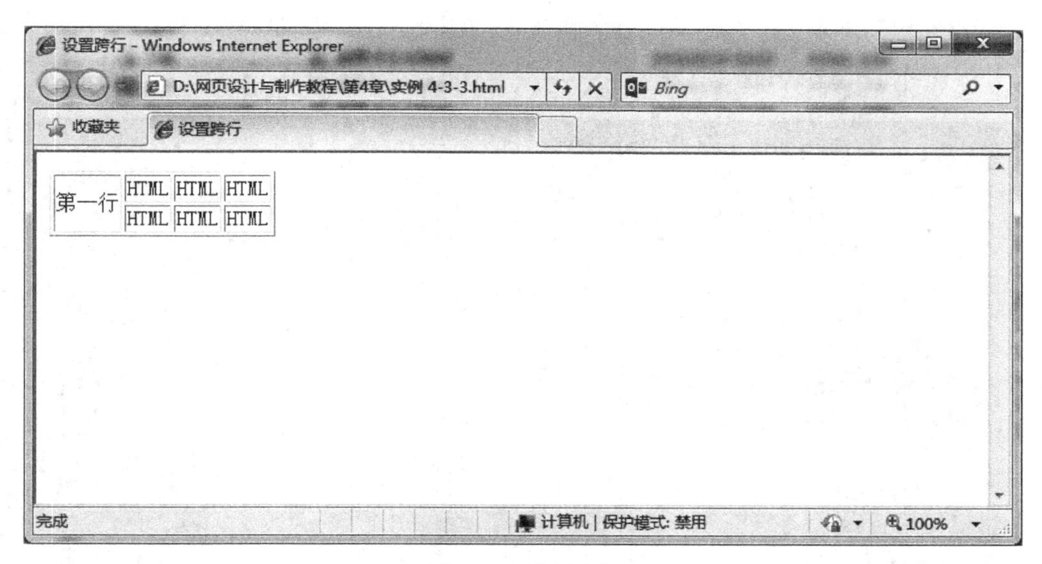

图 4-10 设置跨行

4.3.4 设置跨列

在网页制作过程中，有时需要对网页中的表格进行单元格的横向合并，这在网页中称为设置跨列。

基本语法：

```
<table>
  <tr>
    <td colspan="value"> </td>
    <td></td>
  </tr>
  <tr>
    <td></td>
  </tr>
</table>
```

语法说明：

在 HTML 文件中，设置单元格的跨列，只要设置<td>标签中的 colspan 的属性值即可实现。

实例 4-3-4 代码如下。

```
<html>
    <head>
        <title>设置跨列</title>
    </head>
```

```
    <body>
      <table border="1">
          <tr>
            <th colspan="2">第一列</th>
            <th>第二列</th>
            <th>第三列</th>
          </tr>
          <tr>
            <td>HTML</td>
            <td>HTML</td>
            <td>HTML</td>
            <td>HTML</td>
          </tr>
      </table>
    </body>
</html>
```

网页效果如图 4-11 所示。

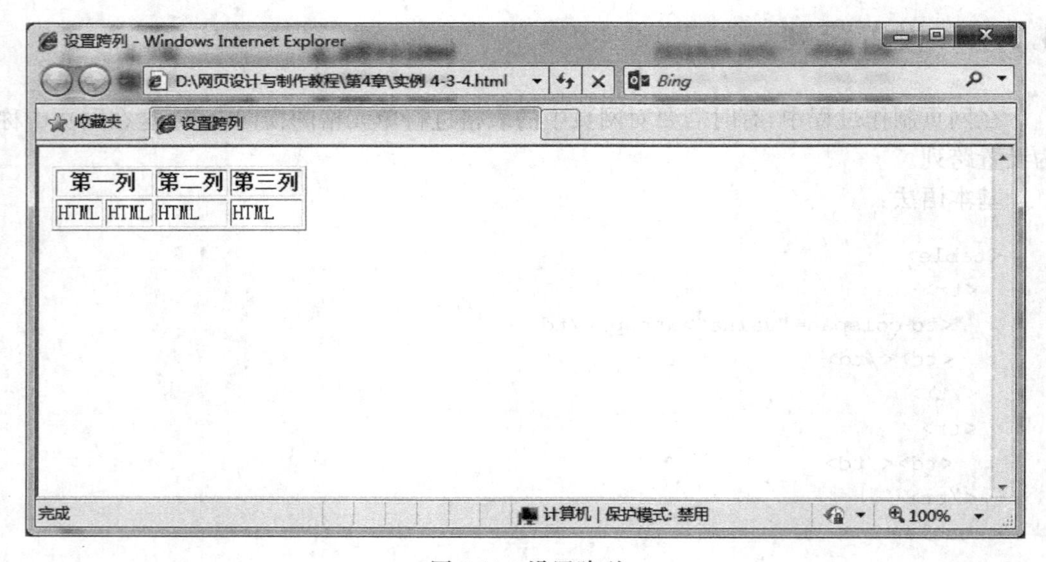

图 4-11　设置跨列

4.3.5　设置单元格间距

在网页制作过程中，使用表格进行排版时，为了布局的美观，常常需要对单元格间隔进行设置，这样可以使网页中的表格显得不过于紧凑。

基本语法：

```
<table cellspacing="">
```

```
  <tr>
    <td> </td>
    <td> </td>
    <td> </td>
  </tr>
</table>
```

语法说明：

在 HTML 文件中，设置<table>标签中的 cellspacing 属性值就可以设置表格中单元格的间距。

实例 4-3-5 代码如下。

```
<html>
    <head>
        <title>设置单元格间距</title>
    </head>
    <body>
        <h4>没有 cellspacing: </h4>
            <table border="1">
              <tr>
                  <td>HTML</td>
                  <td>HTML</td>
              </tr>
              <tr>
                  <td>HTML</td>
                  <td>HTML</td>
              </tr>
            </table>
            <h4>带有 cellspacing: </h4>
            <table border="1" cellspacing="10">
              <tr>
                  <td>HTML</td>
                  <td>HTML</td>
              </tr>
                <tr>
                <td>HTML</td>
                <td>HTML</td>
              </tr>
          </table>
    </body>
</html>
```

网页效果如图 4-12 所示。

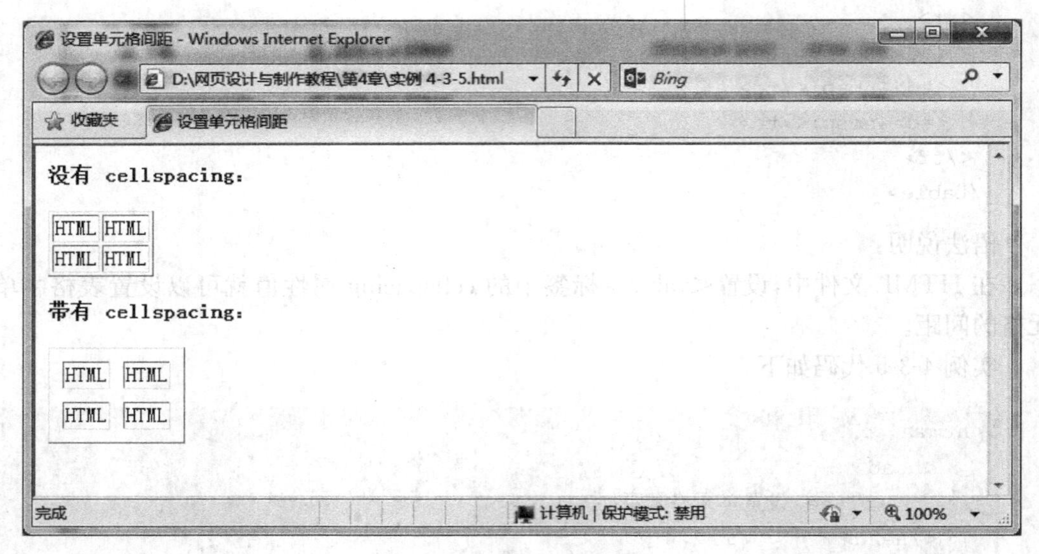

图 4-12　设置单元格间距

4.3.6　设置单元格边距

在网页文件中，单元格边距是指单元格中的内容与单元格边框的距离。

基本语法：

```
<table cellpadding="0">
  <tr>
  <td> </td>
  </tr>
  <tr>
  <td></td>
  </tr>
</table>
```

语法说明：

在 HTML 文件中，设置<table>标签中的 cellpadding 属性值就可以设置单元格中内容与边框的距离。

实例 4-3-6 代码如下。

```
<html>
    <head>
      <title>设置单元格边距</title>
    </head>
    <body>
```

```
        <h4>没有 cellpadding: </h4>
        <table border="1">
          <tr>
            <td>HTML</td>
            <td>HTML</td>
          </tr>
          <tr>
            <td>HTML</td>
            <td>HTML</td>
          </tr>
        </table>
        <h4>带有 cellpadding: </h4>
        <table border="1" cellpadding="10">
          <tr>
            <td>HTML</td>
            <td>HTML</td>
          </tr>
          <tr>
            <td>HTML</td>
            <td>HTML</td>
          </tr>
      </table>
  </body>
</html>
```

网页效果如图 4-13 所示。

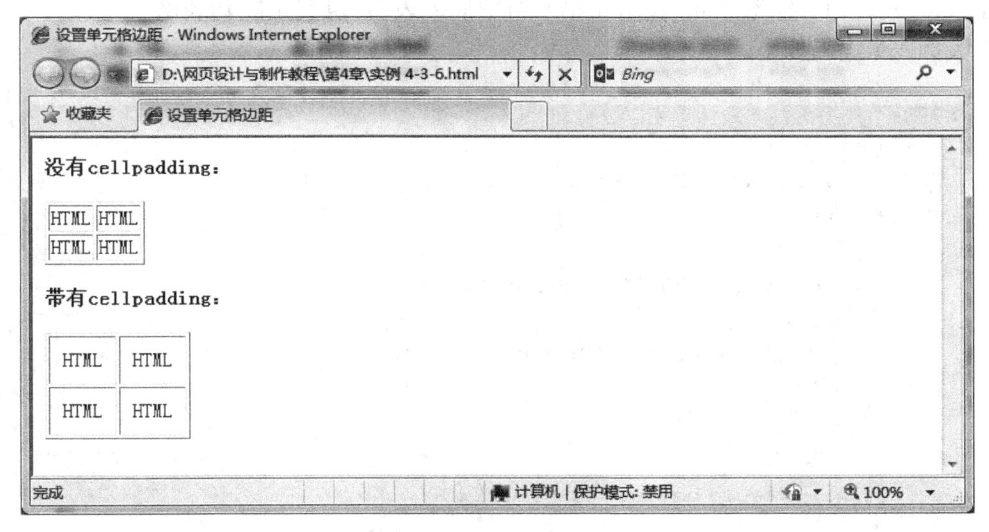

图 4-13　设置单元格边距

4.4 表格嵌套

在网页制作过程中，常常会用到表格嵌套，在一个表格单元格中嵌套一个或多个表格。

基本语法：

```
<table width="value" border="1">
  <tr>
    <td> </td>
  </tr>
  <tr>
      <td>
        <table width="value" border="1">
          <tr>
            <td> </td>
            <td> </td>
            <td> </td>
          </tr>
        </table>
      </td>
  </tr>
</table>
```

语法说明：

在 HTML 文件中，第一个<table>标签表示插入第一表格，第二个<table>标签插入在<td></td>标签之间，表示在单元格中插入表格，也就是嵌套表格。

实例 4-4 代码如下。

```
<html>
    <head>
        <title>表格嵌套</title>
    </head>
    <body>
        <table width="500" border="1">
          <tr>
            <td>首页-新闻-商城</td>
          </tr>
          <tr>
            <td>
              <table border=1>
                <tr>
                  <td>
                    <table border=1>
```

```
                <tr><td>经济</td></tr>
                <tr><td>新闻</td></tr>
                <tr><td>联系</td></tr>
              </table>
            </td>
            <td>
              <table border=1>
                <tr><td>国内新闻</td></tr>
                <tr><td>国际新闻</td></tr>
                <tr><td>最新新闻</td></tr>
              </table>
            </td>
            <td>
              <table border=1>
                <tr><td>奥运赛程</td></tr>
                <tr><td>奥运花絮</td></tr>
              </table>
            </td>
          </tr>
        </table>
      </td>
    </tr>
    <tr><td>版本信息-合作</td></tr>
    </table>
  </body>
</html>
```

网页效果如图 4-14 所示。

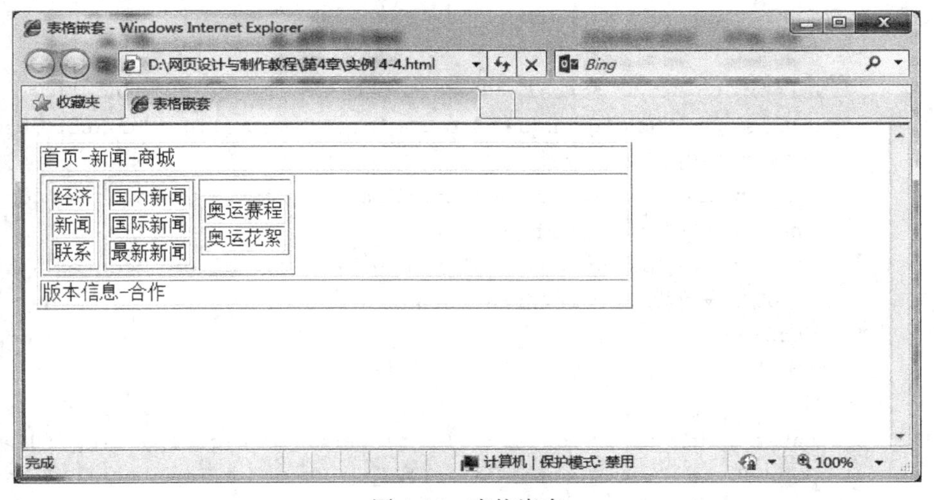

图 4-14　表格嵌套

4.5 综合应用实例

实例 4-5 代码如下。

```
<html>
<head><title>表格的实际应用</title></head>
<body style="background-color: aliceblue">
<table align="center" border="0" cellspacing="2" cellpadding="0" width=
"500">
<tr align="center" valign="middle" height="50">
<td><h2>首页- 新闻- 商城</h2></td>
</tr>
<tr>
<td>
<table width="500" height="250" border="0" cellspacing="2" cellpadding=
"0">
<tr>
<td>
<table width="100" border="0" cellspacing="0" cellpadding="0">
<tr style="background-color:#e1c3e8"><td align="center" height="50">经济
</td></tr>
<tr style="background-color:lemonchiffon"><td align="center" height=
"150">新闻</td></tr>
<tr style="background-color:#e1c3e8"><td align="center" height="50">联系
</td></tr>
</table>
</td>
    <td>
      <table width="250" border="0" cellspacing="0" cellpadding="0">
          <tr style="background-color:#e1c3e8"><td align="center" height
          ="65">国内</td></tr>
          <tr style="background-color:lemonchiffon"><td align="center"
          height="120">国际</td></tr>
          <tr style="background-color:#e1c3e8"><td align="center" height
          ="65">最新新闻</td></tr>
        </table>
      </td>
      <td>
        <table width="150" border="0" cellspacing="0" cellpadding="0">
          <tr style="background-color:#e1c3e8"><td align="center" height
          ="125">奥运赛程</td></tr>
```

```
            <tr style="background-color:lemonchiffon"><td align="center"
            height="125">奥运花絮</td></tr>
             </table>
            </td>
          </tr>
        </table>
      </td>
      </tr>
      <tr align="center" valign="middle"><td>版本信息-合作</td></tr>
    </table>
</body>
</html>
```

网页效果如图 4-15 所示。

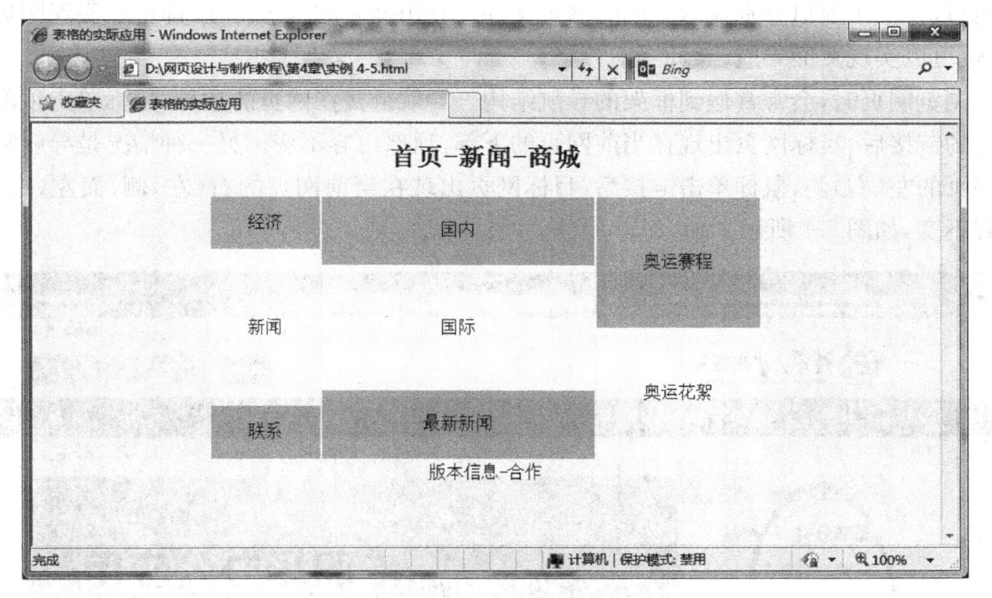

图 4-15　表格在网页中的应用

第5章　框架的应用

5.1　框架的概述

框架是一种在一个窗口中显示多个网页的技术。框架可以方便地将窗口划分为多个子窗口，每个子窗口分别显示不同的网页文件。利用框架的这一特性，即可以实现网页布局，也可以实现页面导航。

浏览网页时，会常常遇到框架的导航结构。导航链接在网页的顶部，鼠标单击顶部导航上的链接后，目标网页出现在当前网页的下部，顶部内容不变。另一种情况是导航链接在网页的左(右)侧，鼠标单击链接后，目标网页出现在当前网页的右(左)侧，而左(右)侧内容不变，如图 5-1 所示。

图 5-1　框架介绍

5.2 框架的基本结构

框架的基本结构分为框架集和框架两个部分。框架集是构造整个框架结构的文档，它不包含具体显示的文本和图像，只包含如何组织安排各个框架位置、大小和初始页面等。

基本语法：

```
<html>
<head>
    <title>框架的基本结构</title>
</head>
<frameset>
    <frame>
    <frame>
…
</frameset>
</html>
```

语法说明：

在网页文件中，使用框架集的页面的<body>标签将被<frameset>标签替代，然后再利用<frame>标签去定义框架结构，常见的分割框架方式有：左右分割、上下分割、嵌套分割，后面的章节将会具体介绍。所谓嵌套分割是指在同一框架集中既有左右分割，又有上下分割。

注意：不能将 <body></body> 标签与<frameset></frameset> 标签同时使用！不过，假如添加包含一段文本的<noframes>标签，就必须将这段文字嵌套于<body></body>标签内。

5.3 设置框架

在 HTML 文件中，框架常用于网页的布局。为了网页的美观，常常要对框架进行一些属性设置，下面将具体介绍框架的常用属性设置。

5.3.1 设置框架源文件属性

在 HTML 文件中，利用 src 属性可以设置框架中可以显示页面网页文件的路径。

基本语法：

```
<frameset>
```

```
    <frame src="URL">
    <frame src="URL">
…
</frameset>
```

语法说明：

在 HTML 文件中，src 用于设置框架加载文件的路径。文件的路径可以是相对路径也可以是绝对路径。

实例 5-3-1 代码如下。

```
<html>
    <head>
        <title>设置框架源文件属性</title>
    </head>
    <frameset cols="25%,75%">
    <frame src="frame_a.html">
    <frame src="frame_b.html">
    </frameset>
</html>
```

网页效果如图 5-2 所示。

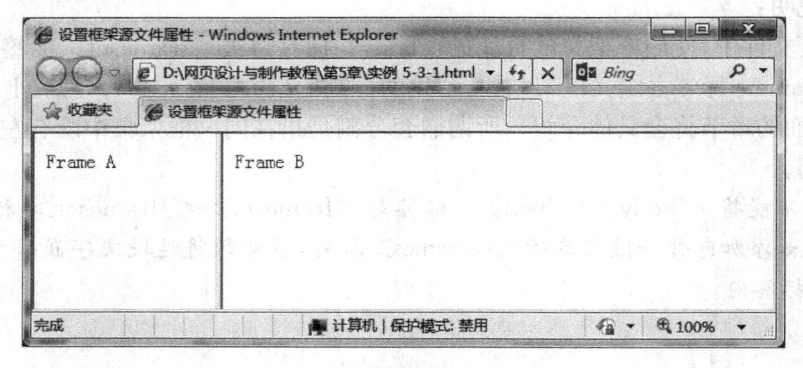

图 5-2　设置框架源文件属性

5.3.2　添加框架名称

在网页文件中，利用框架＜frame＞标签中的 name 属性可以为框架自定义一个名称。

基本语法：

```
<frameset>
    <frame src="URL" name="">
    <frame src="URL" name="">
…
```

```
</frameset>
```

语法说明：

在 HTML 文件中，利用框架<frame>标签中的 name 属性给框架添加名称，不会影响框架的显示效果。

实例 5-3-2 代码如下。

```
<html>
    <head>
        <title>添加框架名称</title>
    </head>
    <frameset cols="25%,75%">
    <frame src="frame_a.html" name="left">
    <frame src="frame_b.html" name="right">
    </frameset>
</html>
```

网页效果如图 5-3 所示。

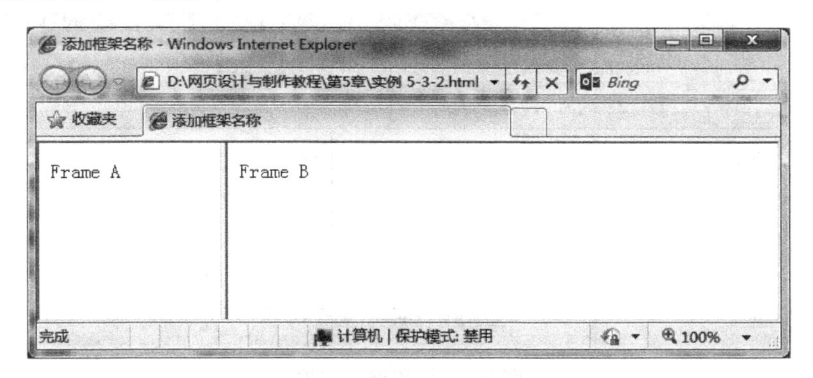

图 5-3 添加框架名称

5.3.3 设置框架边框

在 HTML 文件中，利用框架<frame>标签中的 frameborder 属性可以设置边框的属性。

基本语法：

```
<frameset>
    <frame src="URL" frameborder="value">
    <frame src="URL" frameborder="value">
...
</frameset>
```

语法说明：

在 HTML 文件中，利用框架<frame>标签中的 frameborder 属性设置框架显示效果时，只能设置框架的边框是否显示，frameborder 值为 0 时，不显示边框；frameborder 值为 1 时，显示边框。

实例 5-3-3 代码如下。

```
<html>
    <head>
        <title>设置框架边框</title>
    </head>
    <frameset cols="25%,35%,40%">
    <frame src="frame_a.html" frameborder="0">
    <frame src="frame_b.html" frameborder="0">
    <frame src="frame_c.html" frameborder="1">
    </frameset>
</html>
```

网页效果如图 5-4 所示。

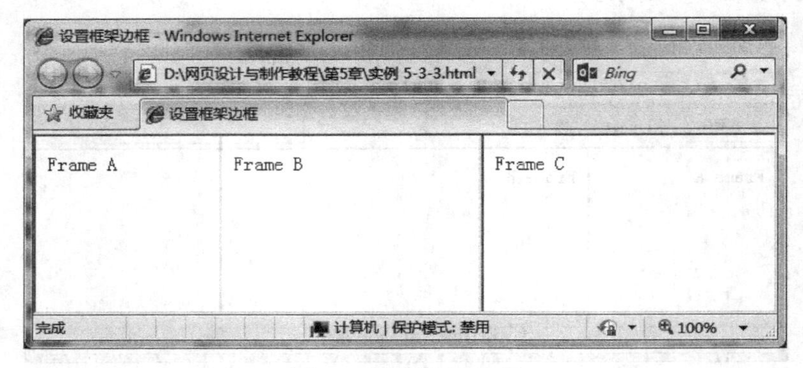

图 5-4　设置框架边框

效果说明：页面被打开后，框架左侧有边框显示，右侧没有边框显示。

5.3.4　显示框架滚动条

在 HTML 文件中，利用框架<frame>标签中的 scrolling 属性可以设置是否为框架添加滚动条。

基本语法：

```
<frameset>
    <frame src="URL" scrolling="value">
    <frame src="URL" scrolling="value">
…
</frameset>
```

语法说明：

在 HTML 文件中，利用框架<frame>标签中的 scrolling 属性有三种方式设置滚动条：

- yes：添加滚动条。
- no：不添加滚动条。
- auto：自动添加滚动条。

实例 5-3-4 代码如下。

```
<html>
    <head>
        <title>设置框架滚动条</title>
    </head>
    <frameset cols="25%,35%,40%">
    <frame src="frame_a.html" scrolling="yes">
    <frame src="frame_b.html" scrolling="no">
    <frame src="frame_c.html" scrolling="auto">
    </frameset>
</html>
```

网页效果如图 5-5 所示。

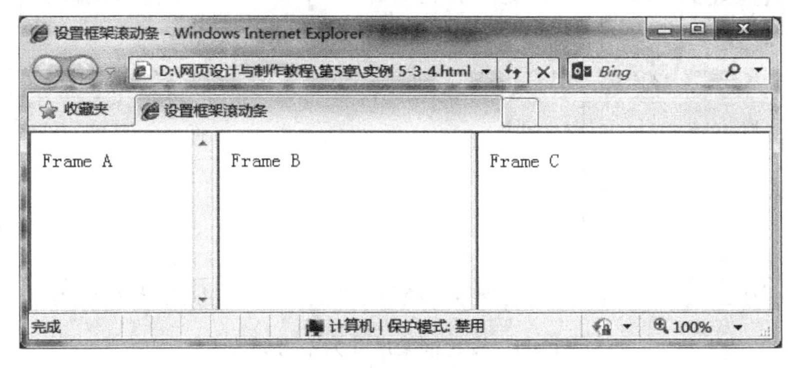

图 5-5　设置框架滚动条

效果说明：页面被打开后，左边边框显示有滚动条，右侧框架没有显示滚动条。

5.3.5　设置框架尺寸为不可调整

在 HTML 文件中，利用框架<frame>标签中的 noresize 属性设置不允许改变框架的尺寸。

基本语法：

```
<frameset>
    <frame src="URL" noresize>
```

```
    <frame src="URL">
...
</frameset>
```

语法说明：

在 HTML 文件中，利用框架<frame>标签中的 noresize 属性设置不允许改变框架的尺寸。

实例 5-3-5 代码如下。

```
<html>
    <head>
        <title>设置框架尺寸为不可调整</title>
    </head>
    <frameset cols="25%,75%">
    <frame src="frame_a.html" noresize>
    <frame src="frame_b.html">
    </frameset>
</html>
```

网页效果如图 5-6 所示。

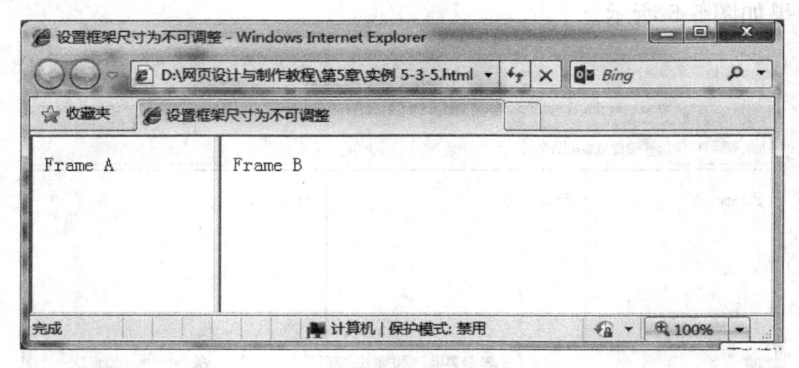

图 5-6　设置框架尺寸为不可调整

效果说明：页面被打开后，设置 noresize 属性的窗口不能通过鼠标调整页面显示的宽度。

5.3.6　设置框架边缘宽度与高度

在 HTML 文件中，利用框架<frame>标签中的 marginwidth 属性可以设置框架左右边缘宽度；利用框架<frame>标签中的 marginheight 属性可以设置框架上下边缘宽度。

在 HTML 文件中，利用框架<frame>标签中的 noresize 属性设置不允许改变框架的尺寸。

基本语法：

```
<frameset>
    <frame src="URL" marginwidth="value" marginheight="value">
    <frame src="URL">
...
</frameset>
```

语法说明：

在 HTML 文件中，利用框架<frame>标签中的 marginwidth 和 marginheight 属性设置框架边缘的宽度和高度。

实例 5-3-6 代码如下。

```
<html>
    <head>
        <title>设置框架边缘宽度与高度</title>
    </head>
    <frameset cols="25%,75%">
    <frame src="frame_a.html" marginwidth="40" marginheight="60">
    <frame src="frame_b.html">
    </frameset>
</html>
```

网页效果如图 5-7 所示。

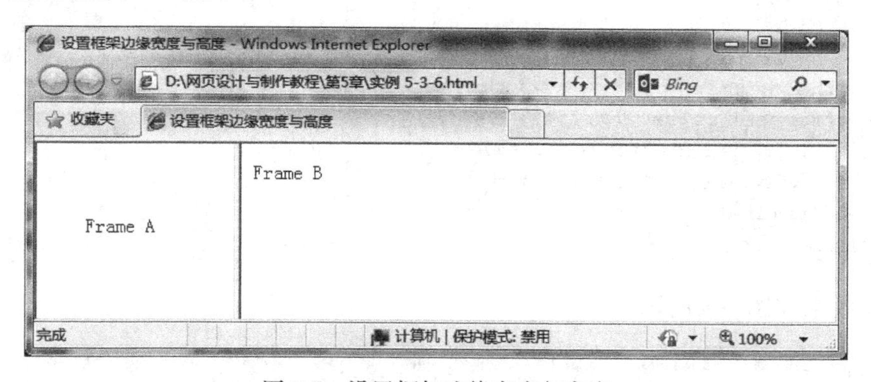

图 5-7　设置框架边缘宽度与高度

5.4　设置框架集

框架集是构照整个框架结构的文档，它不包含具体显示的文本和图像，而只包含如何组织安排各个框架位置、大小和初始页面等。<frameset>标签用于定义分割浏览器窗口，即定义主文档中有几个框架并且各个框架式如何排列的。框架属性如表 5-1 所示。

表 5-1　框架集属性

属　性	说　明
rows	设置框架集上下分隔
cols	设置框架集左右分隔

5.4.1　左右分隔窗口

在 HTML 文件中，利用 cols 属性将网页进行左右分隔。

基本语法：

```
<frameset cols="*,*">
    <frame src="URL">
    <frame src="URL">
...
</frameset>
```

语法说明：

在 HTML 文件中，利用 cols 属性将网页进行左右分隔，分隔方式可以是百分比，也可以是具体的数值。

实例 5-4-1 代码如下。

```
<html>
    <head>
        <title>左右分隔</title>
    </head>
    <frameset cols="25%,75%">
        <frame src="frame_a.html">
        <frame src="frame_b.html">
    </frameset>
</html>
```

网页效果如图 5-8 所示。

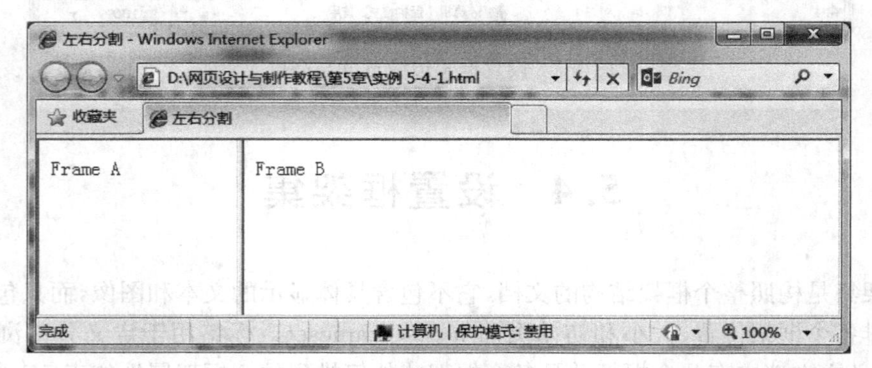

图 5-8　左右分隔

效果说明：框架被左右分隔，设置左边与右边的源文件属性不同，显示的结果也会不同。

5.4.2 上下分隔窗口

在 HTML 文件中，利用 rows 属性将网页进行上下分隔。

基本语法：

```
<frameset rowls="*,*">
    <frame src="URL">
    <frame src="URL">
...
</frameset>
```

语法说明：

在 HTML 文件中，利用 rows 属性将网页进行上下分隔，分隔方式与左右分隔方式相同。

实例 5-4-2 代码如下。

```
<html>
    <head>
        <title>上下分隔</title>
    </head>
    <frameset rows="25%,75%">
        <frame src="frame_a.html">
        <frame src="frame_b.html">
    </frameset>
</html>
```

网页效果如图 5-9 所示。

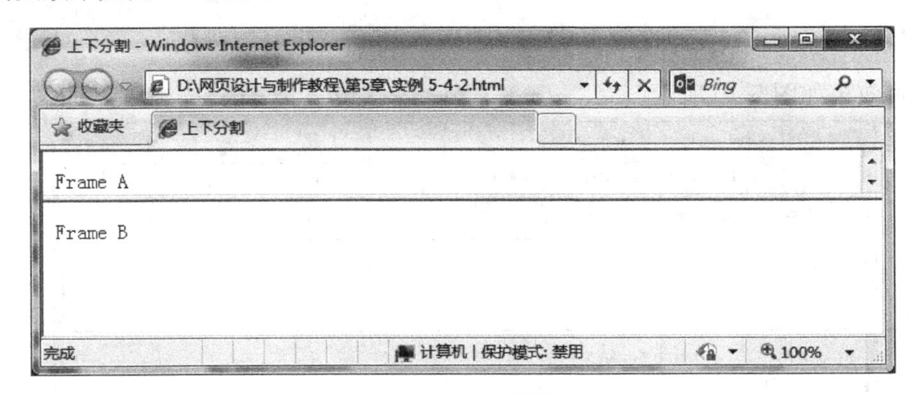

图 5-9　上下分隔

5.4.3 横纵分隔窗口

在 HTML 文件中，利用 rows 属性和 cols 属性将网页进行横纵分隔窗口。

横纵分隔基本语法：

```
<frameset rows="*,*">
<frame src="URL">
<frameset cols="*,*">
<frame src="URL">
<frame src="URL">
</frameset>
</frameset>
```

语法说明：

在 HTML 文件中，先利用 rows 属性先将网页进行上下分隔，再利用 cols 属性先将网页进行左右分隔。

实例 5-4-3 代码如下。

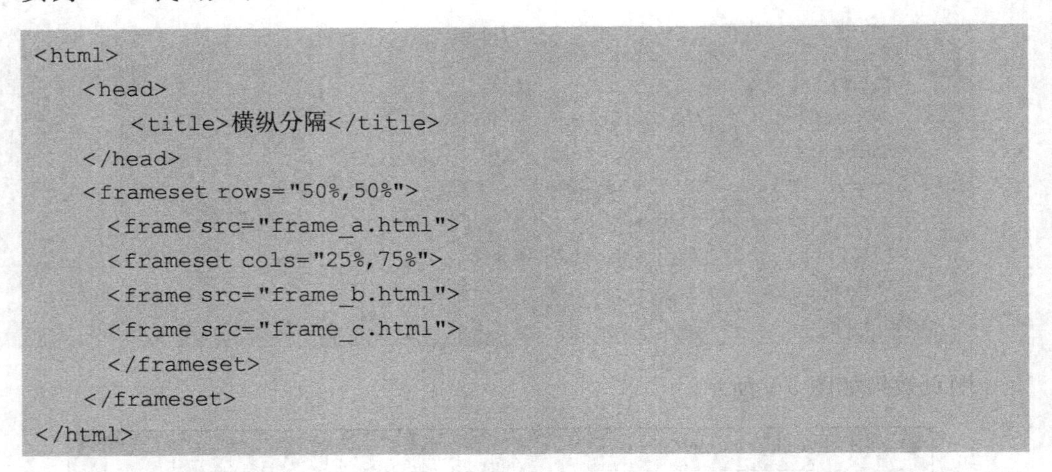

```
<html>
    <head>
        <title>横纵分隔</title>
    </head>
    <frameset rows="50%,50%">
      <frame src="frame_a.html">
      <frameset cols="25%,75%">
      <frame src="frame_b.html">
      <frame src="frame_c.html">
      </frameset>
    </frameset>
</html>
```

网页效果如图 5-10 所示。

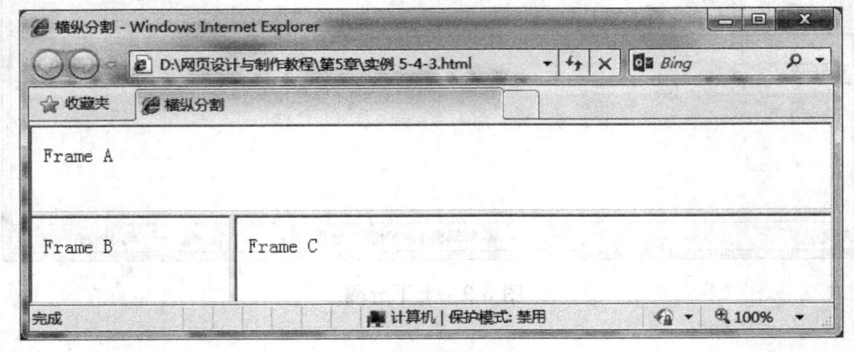

图 5-10 横纵分隔

5.4.4 纵横分隔窗口

在 HTML 文件中,利用 cols 属性和 rows 属性将网页进行纵横分隔。

横纵分隔基本语法:

```
<frameset cols="*,*">
<frame src="URL">
<frameset rows="*,*">
<frame src="URL">
<frame src="URL">
</frameset>
</frameset>
```

语法说明:

在 HTML 文件中,先利用 cols 属性先将网页进行左右分隔,再利用 rows 属性先将网页进行上下分隔。

纵横分隔基本语法:

```
<frameset cols="*,*">
<frame src="URL">
<frameset rows="*,*">
<frame src="URL">
<frame src="URL">
</frameset>
</frameset>
```

语法说明:

在 HTML 文件中,先利用 cols 属性先将网页进行左右分隔,再利用 rows 属性先将网页进行上下分隔。

实例 5-4-4 代码如下。

```
<html>
    <head>
        <title>纵横分隔</title>
    </head>
    <frameset cols="35%,65%">
      <frame src="frame_a.html">
      <frameset rows="25%,75%">
      <frame src="frame_b.html">
      <frame src="frame_c.html">
      </frameset>
    </frameset>
</html>
```

网页效果如图 5-11 所示。

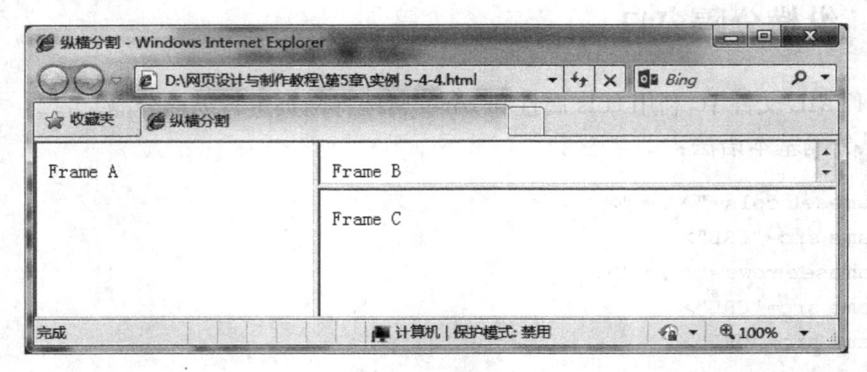

图 5-11　纵横分隔

5.5 浮动框架

浮动框架是框架页面中一种特例，在浏览器窗口中嵌入了子窗口，插入浮动框架需使用成对的<iframe></iframe>标签，其具体属性如表 5-2 所示。

表 5-2　浮动框架属性

属　　性	说　　明	属　　性	说　　明
src	设置源文件属性	framespacing	设置框架集边框宽度
width	设置浮动框架窗口宽度	scrolling	设置框架滚动条
heigt	设置浮动框架窗口高度	noresize	设置无法调整框架的大小
name	设置窗口名称	bordercolor	设置边框颜色
align	设置框架对齐方式	marginwidth	设置框架左右边距
frameborder	设置框架边框	marginheight	设置框架上下边距

5.5.1　设置浮动框架源文件属性

在 HTML 文件中，利用 src 属性可以设置框架中显示文件的路径。

基本语法：

```
<iframe src="URL"></iframe>
```

语法说明：

在 HTML 文件中，src 用于设置框架加载文件的路径，文件的路径可以是相对路径也可以是绝对路径。

实例 5-5-1 代码如下。

```
<html>
    <head>
        <title>设置浮动框架源文件属性</title>
    </head>
    <iframe src="frame_a.html">这是浮动框架</iframe>
</html>
```

网页效果如图 5-12 所示。

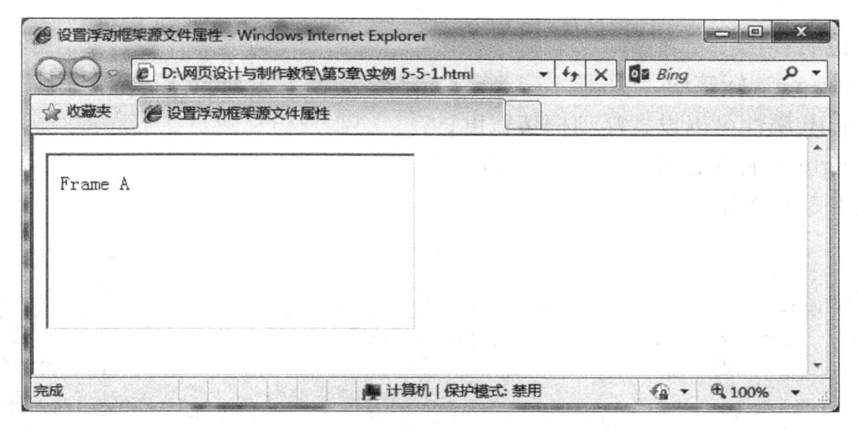

图 5-12　设置浮动框架源文件属性

5.5.2　设置浮动框架名称

在 HTML 文件中，利用浮动框架<iframe>标签中的 name 属性可以为框架自定义一个名称。

基本语法：

```
<iframe src="URL" name=""></iframe>
```

语法说明：

在 HTML 文件中，利用框架<iframe>标签中的 name 属性给框架添加名称，不会影响框架的显示效果。

实例 5-5-2 代码如下。

```
<html>
    <head>
        <title>设置浮动框架的名称</title>
    </head>
    <iframe src="frame_a.html" name="showframe">这是浮动框架</iframe>
</html>
```

5.5.3　设置浮动框架宽度和高度

在HTML文件中，网页的页面边距可以设置，浮动框架和页面一样，利用浮动框架<iframe>标签中的width可以设置浮动框架宽度；height属性可以设置浮动框架高度。

基本语法：

```
<iframe src="URL" width="" height=""></iframe>
```

语法说明：

在<iframe>标签中

- width属性可以设置浮动框架宽度；
- height属性可以设定浮动框架的高度。

实例5-5-3代码如下。

```
<html>
    <head>
        <title>设置浮动框架的宽度和高度</title>
    </head>
    <iframe src="frame_a.html" width="300" height="400">这是浮动框架
</iframe>
</html>
```

网页效果如图5-13所示。

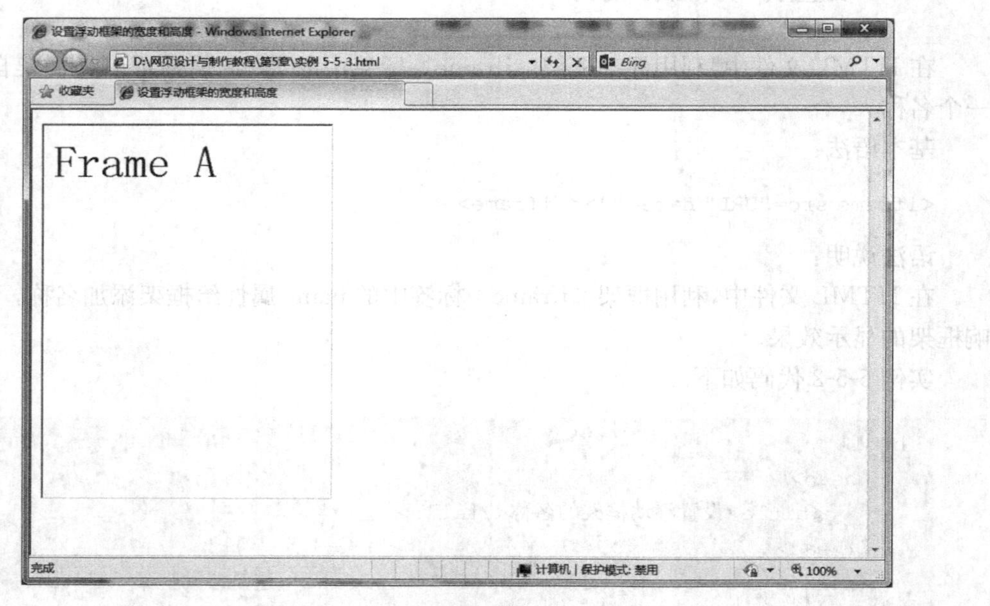

图5-13　设置浮动框架的宽度和高度

5.6 在框架上建立链接

在 HTML 文件中，框架的导航功能应用广泛，因此建立框架的超链接是很重要的。单击框架结构中的某些超级链接时，该超级链接所指向的网页将在指定的框架中打开。要实现此功能，在有框架的网页中设置超级链接时，必须指定所链接的文件显示在哪一个框架中。这就要用到＜frame＞标签中的 name 属性所定义的框架名称。如果超级链接不指定框架名，则单击框架内的超级链接时，目标文件只会显示在当前框架内。

控制目标文件在哪一个框架内显示的方法是在＜a＞标签中使用 target 属性，语法如下：

```
<a href="目标文件名" target="目标框架名">链接内容</a>
```

5.6.1 普通框架添加链接

在 HTML 文件中，给框架建立超链接会使网页显示更加美观。

基本语法：

```
<frameset cols="120, * ">
  <frame src="contents.html">
  <frame src="frame_a.html" name="showframe">
</frameset>
```

语法说明：

在 HTML 文件中，利用 cols 属性将网页进行左右分隔，左边网页文件是 contents. html，右边网页文件是 frame_a. html，并给右边框架命名。

实例 5-6-1 代码如下。

```
<html>
    <head>
        <title>普通框架添加链接</title>
    </head>
    <frameset cols="120, * ">
        <frame src="contents.html">
        <frame src="frame_a.html" name="showframe">
    </frameset>
</html>
```

导航框架包含一个将第二个框架作为目标的链接列表并将第二个框架命名为 showframe。导航框架中名为 contents. html 的文件包含三个链接。

实例 contents 代码如下。

```
<html>
    <head>
        <title>普通框架添加链接</title>
    </head>
    <body>
        <p><a href="frame_a.html" target="showframe">frame_a</a>
        <p><a href="frame_b.html" target="showframe">frame_b</a>
        <p><a href="frame_c.html" target="showframe">frame_c</a>
    </body>
</html>
```

在 contents. html 文件中，超链接标签里使用 target 属性，可以定义被链接的文档在第二个框架显示。

网页效果如图 5-14 所示。

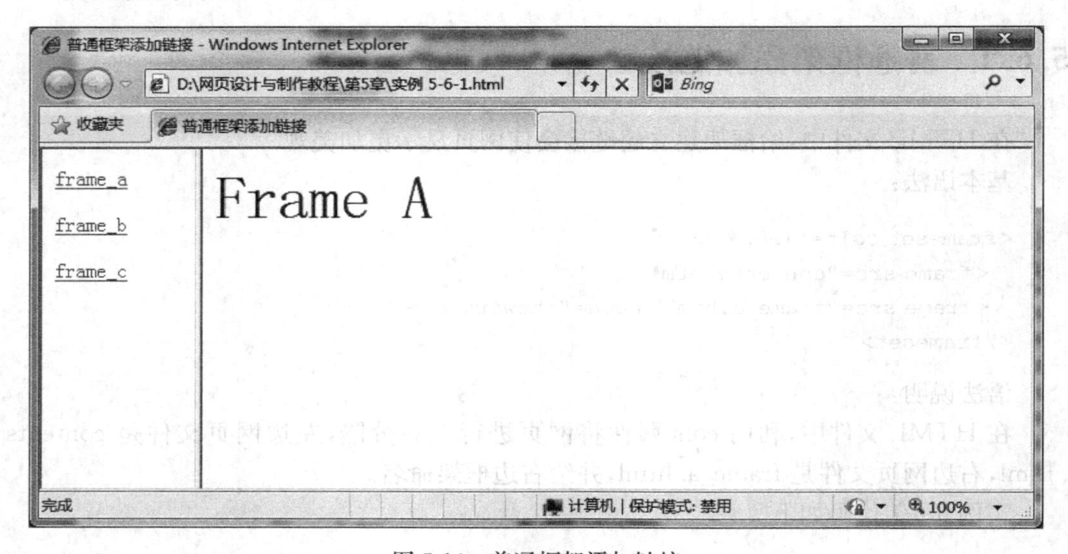

图 5-14　普通框架添加链接

5.6.2　浮动框架添加链接

在 HTML 文件中，除了给普通框架添加链接外，还可以给浮动框架添加链接。

基本语法：

```
<iframe src="frame_a.html" name="iframe"></iframe>
```

语法说明：

定义一个浮动框架，然后将网页中需要显示的内容链接到浮动框架中。

实例 5-6-2 代码如下。

```
<html>
    <head><title>浮动框架添加链接</title></head>
    <iframe src="frame_a.html" name="iframe"></iframe>
    <BR><BR>
    <a href="frame_a.html" target="iframe">读入 frame_a</A><BR>
    <a href="frame_b.html" target="iframe">读入 frame_b</A><BR>
    <a href="frame_c.html" target="iframe">读入 frame_c</A><BR>
</html>
```

网页效果如图 5-15 所示。

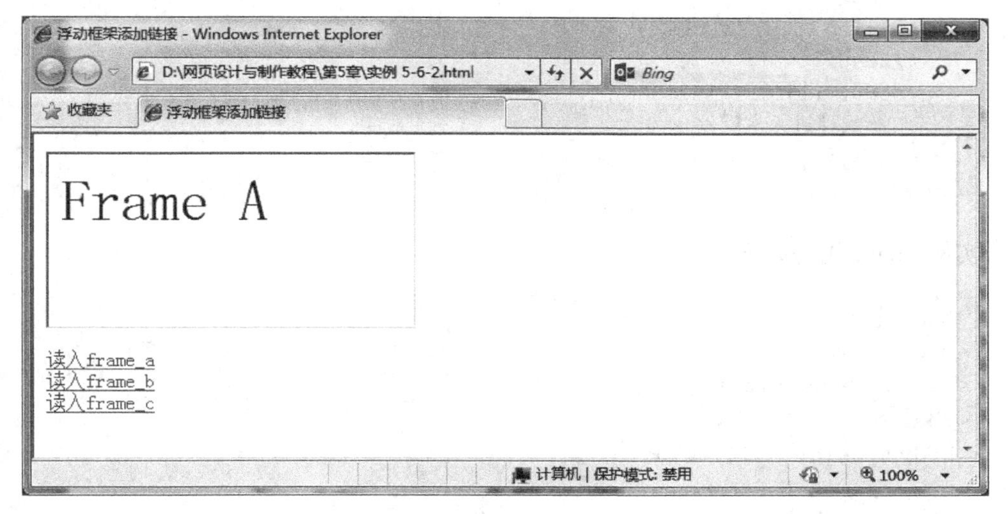

图 5-15　添加浮动框架的链接

效果说明：单击网页中的不同链接，在浮动框架中会显示不同的链接内容。

5.7　框架的实际应用

实例 5-7 代码如下。

```
<html>
<html>
    <head><title>框架的实际应用</title></head>
    <frameset rows="80, * ">
    <frame src="logo.html" frameborder="0" noresize scrolling="no">
    <frameset cols="120, * ">
    <frame src="menu.html" frameborder="0" noresize scrolling="no" name=
"menu">
```

```
    <frame src="content.html" frameborder="0" noresize scrolling="auto" name=
    "content">
    </frameset>
    </frameset>
    </head>
</html>
```

实例 logo 代码如下。

```
<html>
    <head>
    <title>logo</title>
    </head>
    <body bgcolor="#e1c3e8">
    <h2>欢迎进入本网站!</h2>
    </body>
</html>
```

实例 menu 代码如下。

```
<html>
<head>
<title>menu</title>
</head>
<body bgcolor="aliceblue">
<table width="70" align="center">
<tr>
<td>
<a href="注册.html" target="content"><img src="image\newuser.gif" border
="0" alt="新用户注册" height="80"></a>
</td>
</tr>
<tr>
<td>
<a href="新闻.html" target="content"><img src="image\news.gif" border="0"
alt="新闻" height="80"></a>
</td>
</tr>
    <tr>
      <td>
        <a href="留言.html" target="content"><img src="image\post.gif"
        border=0 alt=留言 height=80></a>
      </td>
    </tr>
```

```
    <tr>
        <td>
        <a href="聊天.html" target="content"><img src="image\chat.gif"
        border=0 alt=聊天室 height=80></a>
      </td>
    </tr>
  </table>
  </body>
  </html>
```

实例 content 代码如下。

```
<html>
<head>
<title>content</title>
</head>
<body>
</body>
</html>
```

网页效果如图 5-16 所示。

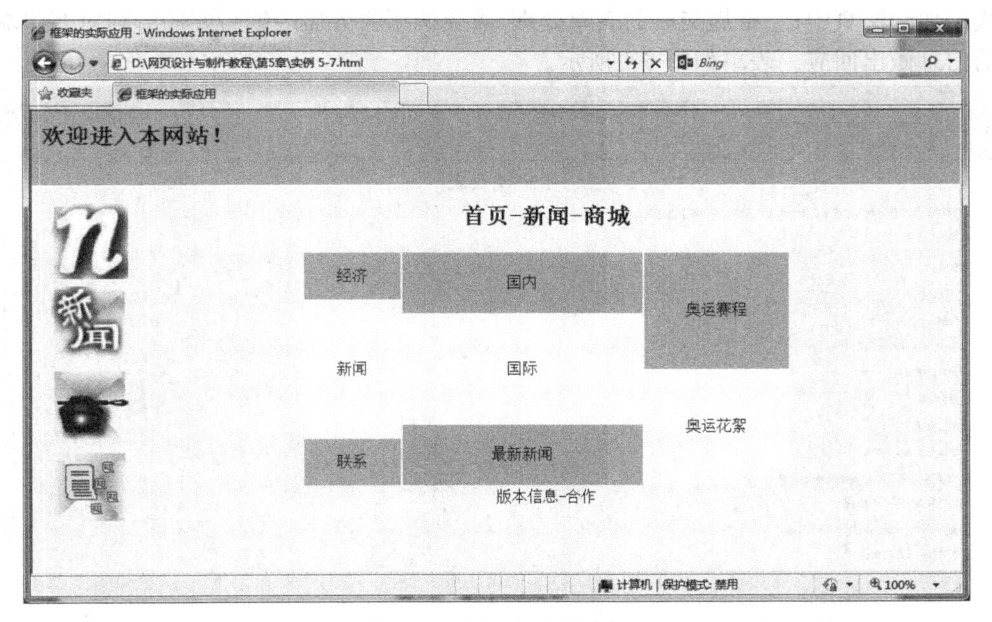

图 5-16　框架的实际应用

效果说明：单击框架左边导航部分不同的链接，会显示不同的页面。

第6章 表单的应用

6.1 表单概述

表单是网页中提供的一种交互式操作手段，在网页中的使用十分广泛。交互概念就是能够获取用户的反馈信息，并且根据得到的反馈信息给用户做出相应的应答。用户可以通过提交表单(Form)信息与服务器进行动态交流。有越来越多的网站利用互联网进行意见调查、在线查询、网络购物、在线申请等活动，这些也都是交互式网页的应用。无论是提交搜索的信息，还是网上注册等都需要使用表单。一个页面可含有多个表单但真正起作用只有一个。

表单主要可以分为两部分：一是用 HTML 源代码描述的表单，可以直接通过插入的方式添加到网页中；二是提交后的表单处理，需要调用服务器端编写好的脚本对客户端提交的信息做出回应。表单如图 6-1 所示。

用户调查表单 - Windows Internet Explorer
D:\网页设计与制作教程\第6章\用户调查表单.html
收藏夹　用户调查表单

用户调查表

尊敬的用户，为了更好地为您服务，请您抽出几分钟时间填写下面这张表格。

- 您的个人情况

  姓名：

  年龄：

  性别：　男　女

  职业：　教职工

- 更多详细资料

  家庭地址：

  家庭电话：

- 您认为本网站的特色

  页面美观实用　更新速度快　内容丰富

- 您对数据传输速率的评价

  快　一般　慢

- 您对我们工作的建议

提交　重写

完成

图 6-1 用户调查表表单

6.2 表 单 标 签

在 HTML 文件中嵌入表单，可以用一对<form></form>标签定义。该标签有两个方面的作用：一是限定表单范围，所有的表单对象都要插入到表单域中，单击提交按钮时，提交的就是表单范围里的内容。二是携带表单的相关信息，比如处理表单的脚本程序的位置、提交表单的方法等。这些信息对于浏览者不可见的，但对于处理表单却有着决定性的作用。

基本语法：

```
<form name="" method="" action="" enctype=""></form>
```

语法说明：

(1) name：设置表单的名字。

(2) method：设置提交表单的 HTTP 方法，可以是 post 或者是 get。常用到的是设置 post 值。post 方式可以隐藏信息（get 的信息会暴露在 URL 中），post 方式传递的数据量相对较大（get 方式传输的数据量非常小）。

(3) action：设置表单处理程序。

(4) enctype：设置表单的编码方式。enctype 代表表单的数据用什么形式传递到后台。enctype 的取值内容有以下三种：

- application/x-www-form-urlencoded：窗体数据被编码为名称/值对。这是标准的编码格式，也是默认方式。
- multipart/form-data：窗体数据被编码为一条消息，页上的每个控件对应消息中的一个部分。如果要创建文件上传域，则指定此方式。
- text/plain：窗体数据以纯文本形式进行编码，其中不含任何控件或格式字符。

6.3 信 息 输 入

表单的交互性体现在用户在表单控件中输入必要信息，发送到服务器请求响应，然后服务器将结果返回给用户，其中<input>是表单中输入信息常用的标签，是最重要的表单元素。

基本语法：

```
<input name="" type="" maxlength="" value="" size="">
```

语法说明：

在<input>标签中，name 属性显示插入的控件名称；type 属性显示插入的控件类型，例如文本框、密码框、单选按钮、复选框、密码、提交、重置等；maxlength 规定了文本框中最多可以输入的字符数；size 规定了文本框中最多可显示的宽度（以字符计）；value 规定了发给服务器的文本框中的默认值。

6.3.1 插入文本框

<input>标签中的 type 属性值 text 用来插入表单中的单行文本框，在此文本框中可以输入任何类型的数据，但是输入的数据都是单行显示，不会换行。

基本语法：

```
<form action=""><input name="text" type="text" maxlength="" size=""
value=""></form>
```

语法说明：

只要将<input>标签中 type 属性值设为 text 就可以在表单中插入单行的文本框。name 属性为文本框指定一个唯一的名称；maxlength 规定了文本框中最多可以输入的字符数；size 规定了文本框中最多可显示的宽度（以字符计）；value 属性值是发给服务器的值。

实例 6-3-1 代码如下。

```
<html>
<head>
    <title>插入文本框</title>
</head>
<body>
  <form action="">
  <p>您的姓名：
  <input type="text" name="name" maxlength="10" size="10">
  </form>
</body>
</html>
```

网页效果如图 6-2 所示。

效果说明：插入了一个名称为 name 的单行文本框，输入最多 10 个字符，控件宽度显示 10 个字符。

6.3.2 插入密码框

<input>标签中的 type 属性值 password 用来插入表单中的密码框，在密码框中可以输入任何类型的数据，这些数据都将显示为小圆点，提高密码的安全性。

基本语法：

```
<form action=""><input name="password" type="password" maxlength=""
```

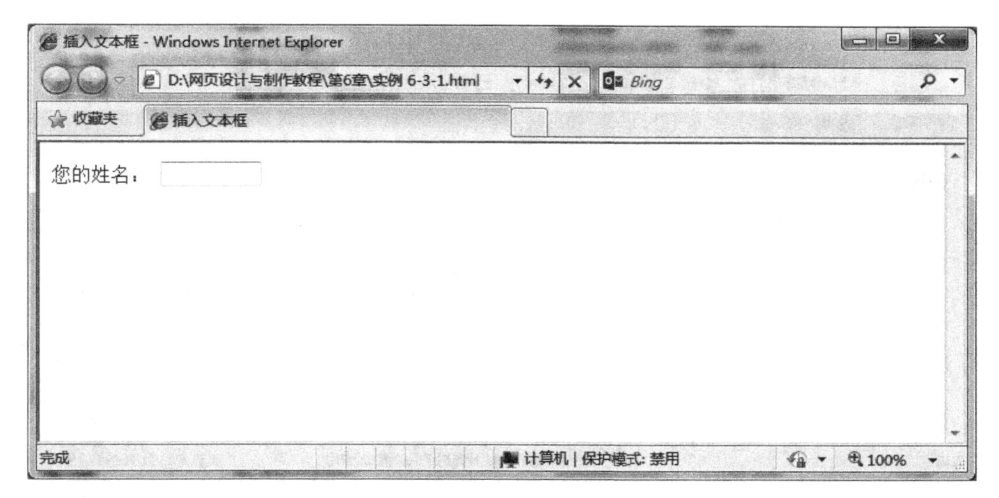

图 6-2　插入文本框

```
size="" value=""></form>
```

语法说明：

只要将<input>标签中 type 属性值设为 password 就可以在表单中插入密码框。name 属性为文本框指定一个唯一的名称；maxlength 规定了文本框中最多可以输入的字符数；size 规定了文本框中最多可显示的宽度（以字符计）；value 属性值是发给服务器的值。

实例 6-3-2 代码如下。

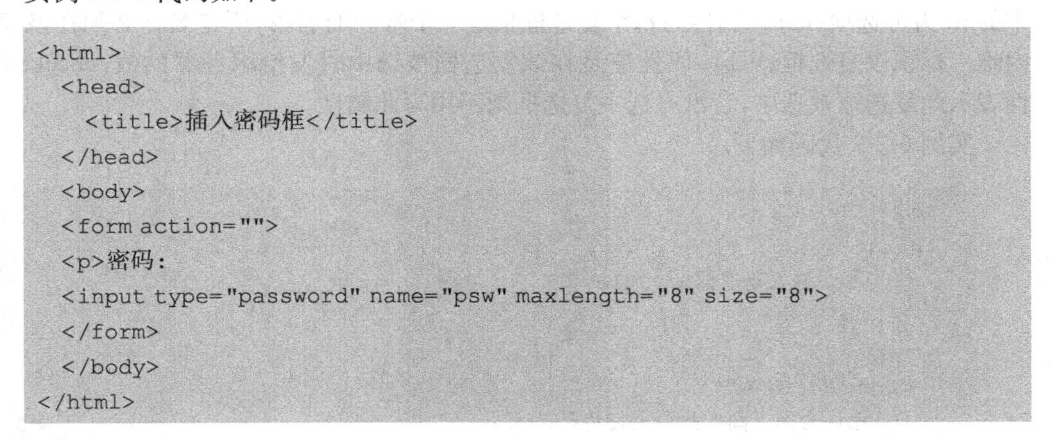

```
<html>
  <head>
    <title>插入密码框</title>
  </head>
  <body>
  <form action="">
  <p>密码：
  <input type="password" name="psw" maxlength="8" size="8">
  </form>
  </body>
</html>
```

网页效果如图 6-3 所示。

效果说明：插入了一个名称为 psw 的密码框，输入最多 8 个字符密码，控件宽度显示 8 个字符。

6.3.3　插入复选框

<input>标签中的 type 属性值 checkbox 用来插入表单中的复选框，用户可以利用

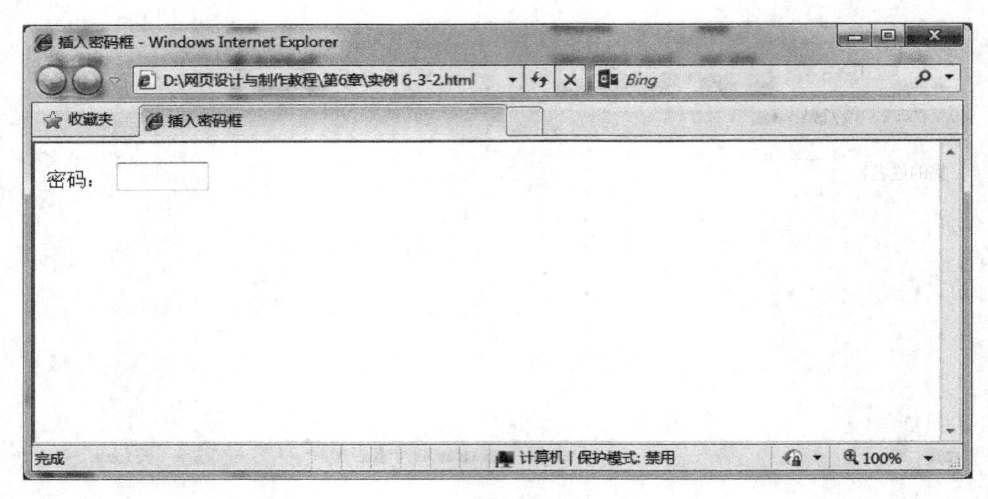

图 6-3　插入密码框

复选框进行多项选择。

基本语法：

```
<form action=""><input name="text" type="checkbox" id="" value="" checked>
</form>
```

语法说明：

只要将<input>标签中 type 属性值设为 checkbox 就可以在表单中插入复选框。其中的 id 为可选项；name 属性为每个复选框指定一个唯一的名称，所选名称必须在该表单内唯一标识该复选框；value 属性值是在该复选框被选中时发给服务器的值；checked 属性表示此复选框被选中，若没有选中复选框则不用写此属性。

实例 6-3-3 代码如下。

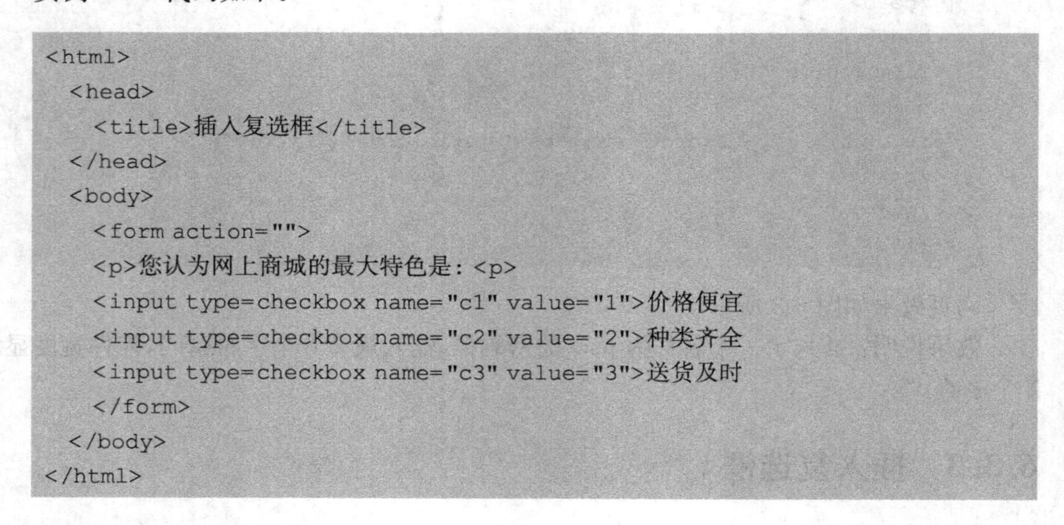

```
<html>
  <head>
    <title>插入复选框</title>
  </head>
  <body>
    <form action="">
    <p>您认为网上商城的最大特色是：<p>
    <input type=checkbox name="c1" value="1">价格便宜
    <input type=checkbox name="c2" value="2">种类齐全
    <input type=checkbox name="c3" value="3">送货及时
    </form>
  </body>
</html>
```

网页效果如图 6-4 所示。

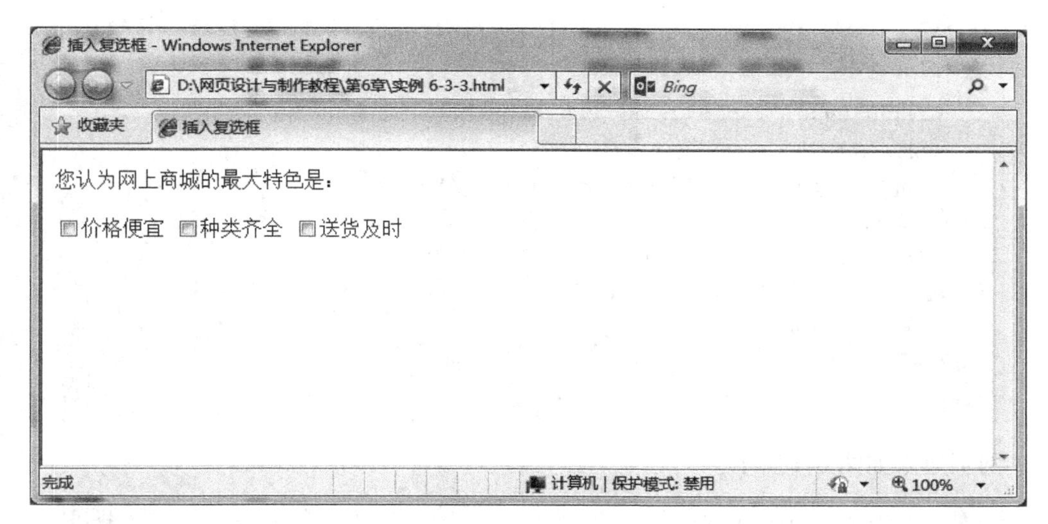

图 6-4　插入复选框

效果说明：插入了三个复选框，分别命名为 c1、c2、c3，其值分别为 1、2、3。

6.3.4　插入单选按钮

<input>标签中的 type 属性值 radio 用来插入表单中的单选按钮，单选按钮是一种选择性的按钮，在选中状态时，按钮中心会有一个小圆点。

基本语法：

```
<form action=""><input name="r1" type="radio" id="" value=""></form>
```

语法说明：

只要将<input>标签中 type 属性值设为 radio 就可以在表单中插入单选按钮。其中的 id 为可选项；name 属性为单选按钮指定名称，单选按钮通常成组地使用，在同一个组中的所有单选按钮必须具有相同名称；value 属性值是在该单选按钮被选中时发给服务器的值；checked 属性表示此单选按钮被选中，若没有选中单选按钮则不用写此属性。

实例 6-3-4 代码如下。

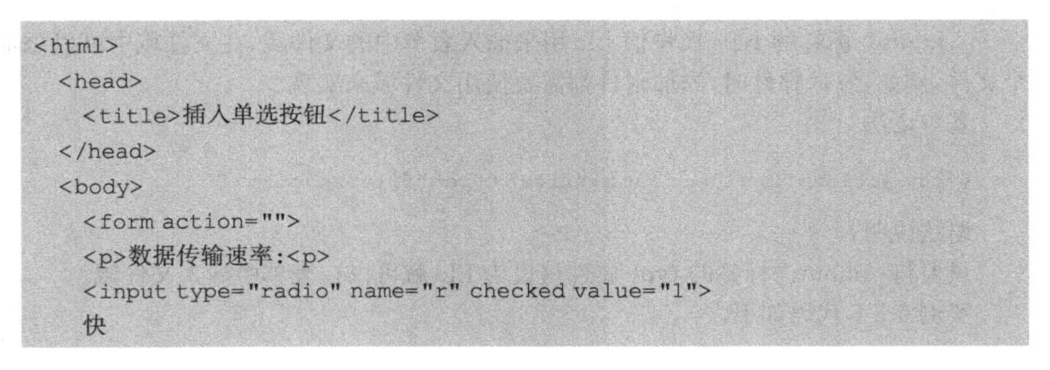

```
<html>
  <head>
    <title>插入单选按钮</title>
  </head>
  <body>
    <form action="">
    <p>数据传输速率:<p>
    <input type="radio" name="r" checked value="1">
    快
```

```
    <input type="radio" name="r" value="2">
    较快
    <input type="radio" name="r" value="3">
    一般
    <input type="radio" name="r" value="4">
    较慢
    <input type="radio" name="r" value="5">
    慢
    </form>
  </body>
</html>
```

网页效果如图 6-5 所示。

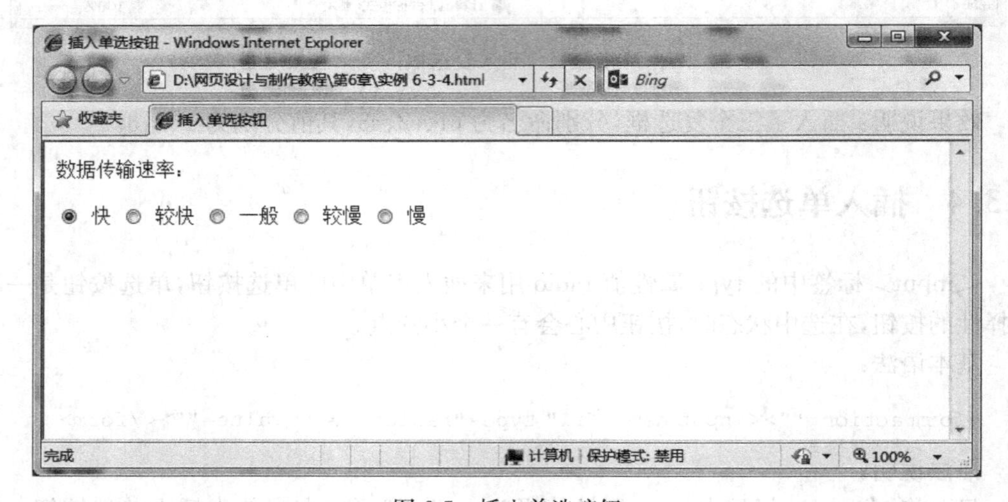

图 6-5 插入单选按钮

效果说明：插入了一组单选按钮，命名为 r，其值分别为 1、2、3、4、5。

6.3.5 插入文件域

<input>标签的 type 属性值 file 用来插入表单中的文件域，在文件域中可以添加整个文件，例如，发送邮件时，添加附件都需要使用文件域来实现。

基本语法：

```
<form action=""><input name="file" type="file"></form>
```

语法说明：

只要将<input>标签的 type 属性值设为 file 就可以在表单中插入文件域。

实例 6-3-5 代码如下。

```
<html>
<head>
    <title>插入文件域</title>
</head>
<body>
    <form action="">
    <input type="file" name="file">
  </form>
</body>
</html>
```

网页效果如图 6-6 所示。

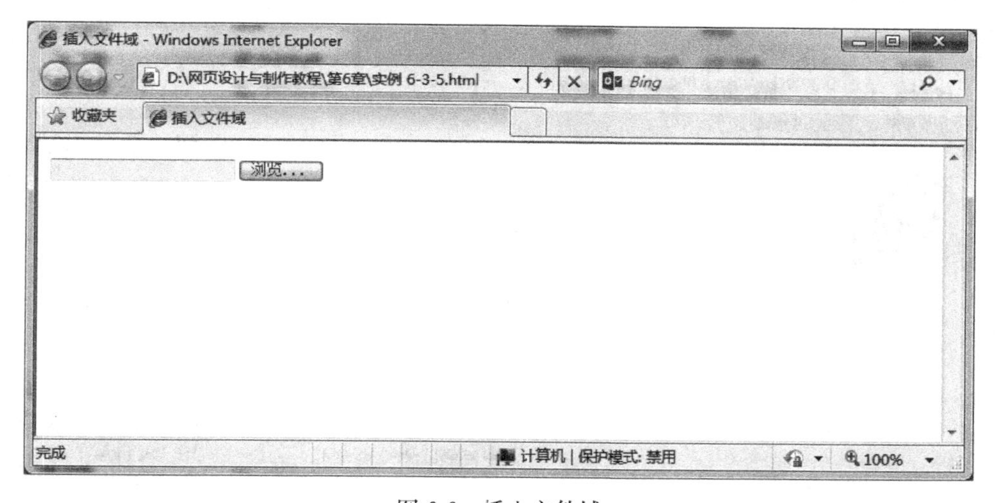

图 6-6　插入文件域

效果说明：插入一个名称为 file 的文件域。

6.3.6　插入图像域

网页中可以使用图像作为按钮图标，效果美观。这个功能可以通过插入图像域来实现。<input>标签的 type 属性值 image 用来插入图像域。

基本语法：

```
<form action=""><input name="image" type="image" src="url"></form>
```

语法说明：

只要将<input>标签的 type 属性值设为 image 就可以在表单中插入图像域。其中 name 属性为按钮指定名称；src 属性指定要为该按钮使用的图像。

实例 6-3-6 代码如下。

```
<html>
<head>
    <title>插入图像域</title>
</head>
<body>
    <form action="">
    <input type="image" name="image" src="6-3-6.GIF">
  </form>
</body>
</html>
```

网页效果如图 6-7 所示。

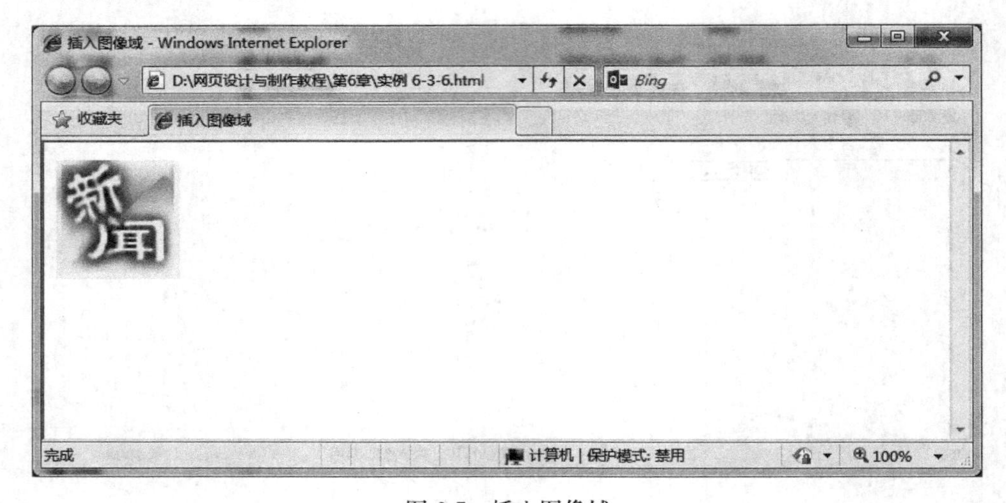

图 6-7　插入图像域

效果说明：插入一个名称为 image 的图像域，src 表示图像的来源路径。

6.3.7　插入提交按钮

当用户填完表单中的信息后，需要有一个提交信息的动作，需要使用表单中的提交按钮，把<input>标签的 type 属性值设为 submit 就可以插入提交按钮。

基本语法：

```
<form action=""><input name="submit" type="submit" value="提交"></form>
```

语法说明：

只要将<input>标签中 type 属性值设为 submit，就可以在表单中插入提交按钮。其中 name 属性为按钮指定名称，value 属性值是发给服务器的值。

实例 6-3-7 代码如下。

```
<html>
<head>
    <title>插入提交按钮</title>
</head>
<body>
    <form action="">
    <input type="submit" name="submit" value="提交">
  </form>
</body>
</html>
```

网页效果如图 6-8 所示。

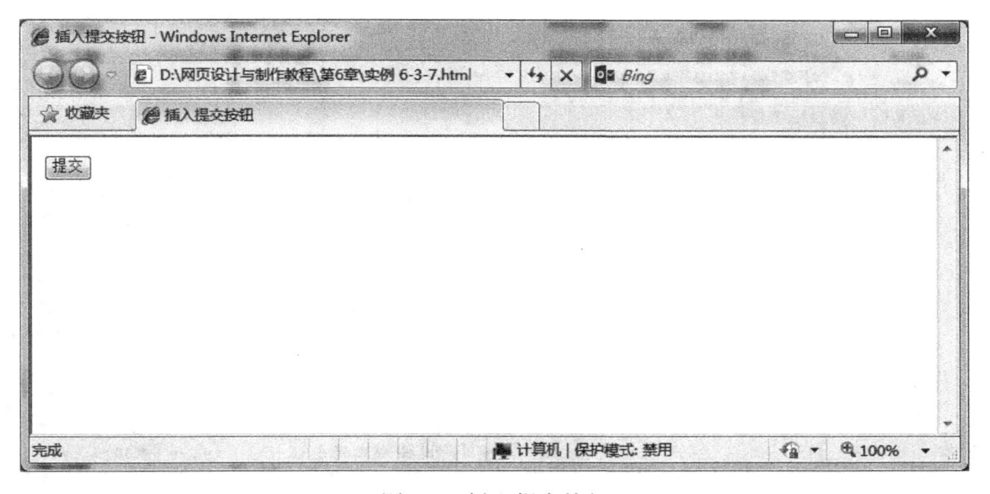

图 6-8　插入提交按钮

效果说明：插入一个名称为 submit，值为“提交”的提交按钮。

6.3.8　插入重置按钮

当用户填写完表单后，如果对自己填过的信息不满意时，可以使用重置按钮，重新输入信息。把<input>标签的 type 属性值设为 reset 就可以插入重置按钮。

基本语法：

```
<form action=""><input name="reset" type="reset" value="重置"></form>
```

语法说明：

只要将<input>标签中 type 属性值设为 reset，就可以在表单中插入重置按钮。其中 name 属性为按钮指定名称，value 属性值是发给服务器的值。

实例 6-3-8 代码如下。

```
<html>
  <head>
    <title>插入重置按钮</title>
  </head>
  <body>
    <form action="">
    <input type="reset" name="reset" value="重置">
    </form>
  </body>
</html>
```

网页效果如图 6-9 所示。

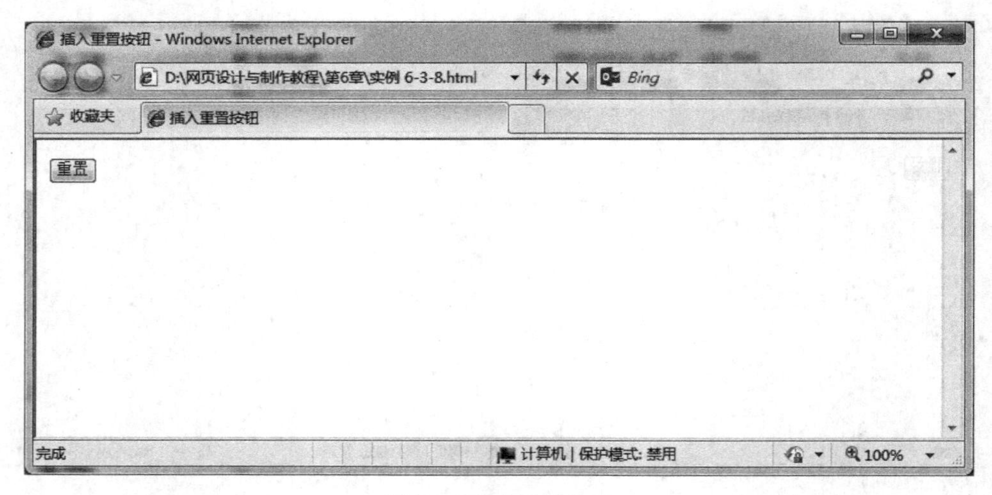

图 6-9　插入重置按钮

效果说明：插入一个名称为 reset，值为“重置”的重置按钮。

6.3.9　插入标准按钮

把<input>标签的 type 属性值设为 button 就可以插入表单中的标准按钮，其中标准按钮的 value 属性的值可以根据需要任意设置。

基本语法：

```
<form action=""><input name="b1" type="button" id="c1"   value="标准按钮">
</form>
```

语法说明：

只要将<input>标签的 type 属性值设为 button，就可以在表单中插入标准按钮。其中的 id 为可选项；name 属性为按钮指定名称，value 属性值是发给服务器的值。

实例 6-3-9 代码如下。

```
<html>
<head>
    <title>插入标准按钮</title>
</head>
<body>
    <form action="">
    <input type="button" name="b1" id="c1" value="标准按钮">
    </form>
</body>
</html>
```

网页效果如图 6-10 所示。

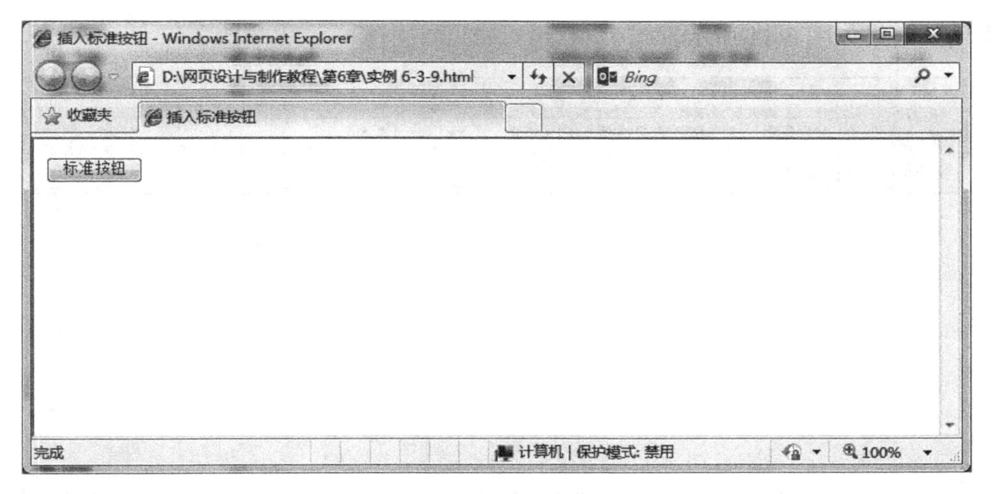

图 6-10　插入标准按钮

效果说明：插入一个名称为 b1，值为“标准按钮”的标准按钮。

6.3.10　插入隐藏域

隐藏域在网页中对用户是不可见的，当用户单击表单中的提交按钮时，隐藏的信息也会一起被发送到服务器。把<input>标签的 type 属性值设为 hidden，就可以插入表单中的隐藏域。

基本语法：

```
<form action=""><input  name="h1"  type="hidden"  value="">
</form>
```

语法说明：

只要将<input>标签的 type 属性值设为 hidden，就可以在表单中插入隐藏域。其中 name 属性为按钮指定名称，value 属性值是发给服务器的值。

实例 6-3-10 代码如下。

```
<html>
  <head>
    <title>插入隐藏域</title>
  </head>
  <body>
    <form action="">
    <input type="hidden" name="h1" id="c1" value="">
    </form>
  </body>
</html>
```

网页效果如图 6-11 所示。

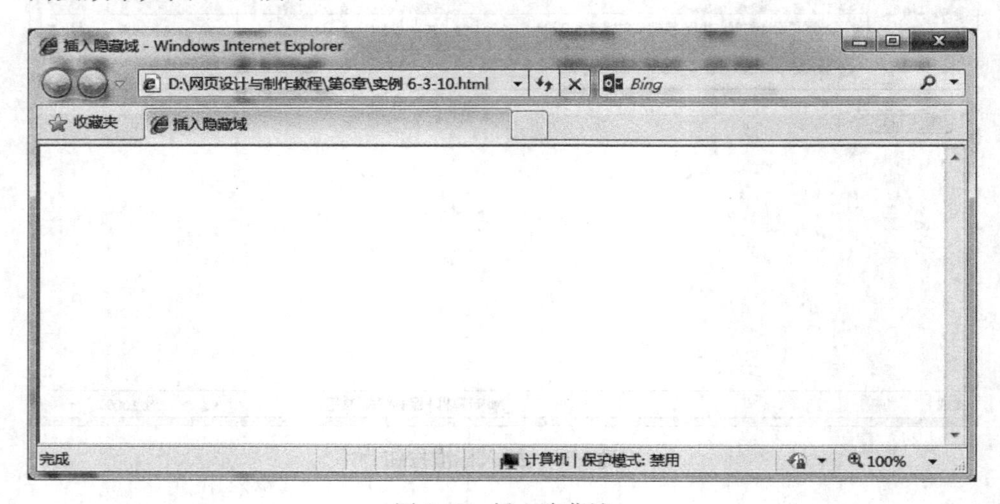

图 6-11 插入隐藏域

效果说明：隐藏域的名称为 h1，值为空。

6.4 插入文本区域

有时用户需要一个多行的文字域，用来输入更多的文字信息，行间可以换行，并将这些信息作为表单元素的值提交到服务器上。

基本语法：

```
<form action=""><textarea name="text" rows="" cols="" id=""></textarea>
</form>
```

语法说明：

表单中插入文本区域，只要插入成对的文字域标签<textarea></textarea>标签就可以插入文本区域。其中的 id 为任选项；rows 指定文字域中的行数，cols 指定文字域中的字符宽度。

实例 6-4 代码如下。

```
<html>
  <head>
    <title>插入文本区域</title>
  </head>
  <body>
    <form action="">
    您对我们工作的建议:</P>
    <textarea name="text" rows="8" cols="60"></textarea>
    </form>
  </body>
</html>
```

网页效果如图 6-12 所示。

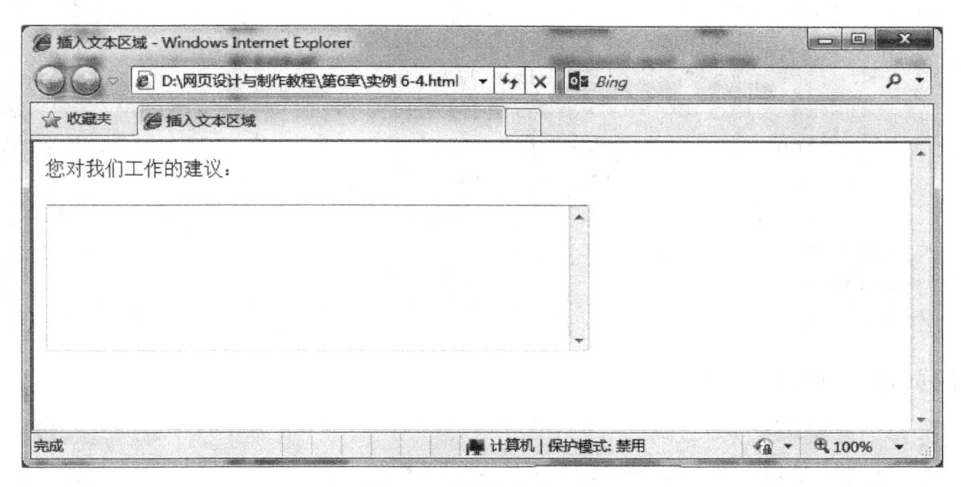

图 6-12　插入文本区域

效果说明：插入一个名称为 text 的文本区域，行数为 8，字符宽度为 60。

6.5　插入下拉菜单和列表项

在 HTML 中，使用<select>和<option>可以实现下拉菜单和列表项。

基本语法：

```
<form action="">
  <select name="" size="">
  <option value="">
  <option value="">
```

```
    …
  </select>
</form>
```

语法说明：

在表单中插入下拉菜单和列表项，只要插入成对的＜select＞＜/select＞标签并嵌套＜option＞标签就可以插入下拉菜单和列表。其中 name 属性表示菜单的名称；value 属性表示菜单项的值；selected 表示选定项；size 属性表示显示的选项数目；multiple 属性表示列表中的项目多选。

实例 6-5 代码如下。

```
<html>
  <head>
    <title>插入下拉菜单和列表项</title>
  </head>
  <body>
    <form action="">
      您在网上的购物兴趣:<p>
      <select name="category" size="3">
      <option value="1" selected>图书</option>
      <option value="2">食品</option>
      <option value="3">服装</option>
      </select>
    </form>
  </body>
</html>
```

网页效果如图 6-13 所示。

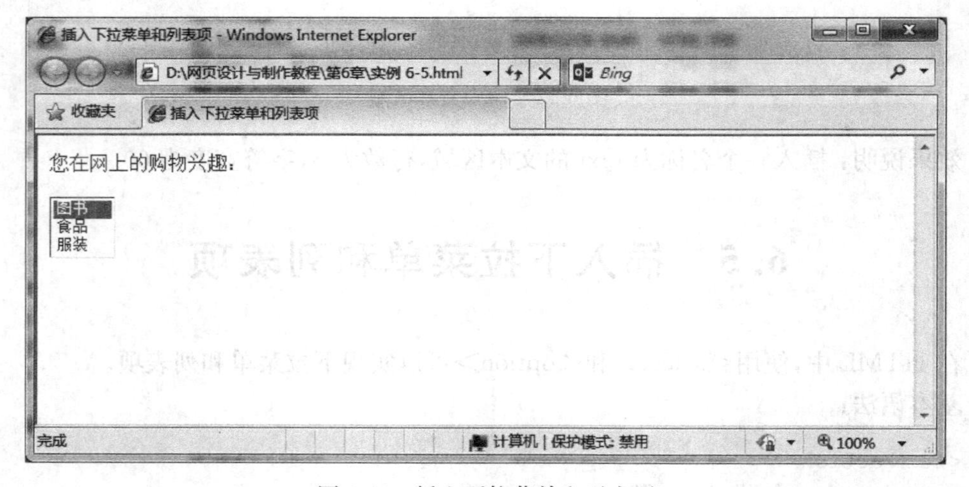

图 6-13　插入下拉菜单和列表项

效果说明：插入一个菜单名称为 category 的文本区域，显示的行数为 3，option 列出了菜单的选项内容。

6.6 综合应用实例

实例 6-6 代码如下。

```
<html>
  <head>
    <title>表单的实际应用</title>
  </head>
  <body style="text -color:# 000000" style="background-color:# ffff99">
  <form name=myform>
  <h1><p align="center">用户调查表</h1>
  <p>尊敬的用户：为了更好地为您服务，请您抽出几分钟时间填写下面这张表格。
  <ul type="square">
  <li>您的个人情况</li>
  <p>姓名：
  <input type="text" name="t1" size="8">
  <p>年龄：
  <input type="text" name="t2" size="4">
  <p>性别：
  <input type="radio" name="r1" size="4">男
  <input type="radio" name="r1" size="4">女
  <p>职业：
  <select size="1" name="s1">
  <option selected>教职工
  <option>学生
  </select>
  </p>
  <p><li>更多详细资料
  <p>家庭地址：
  <input type="text" size=35>
  <p>家庭电话：
  <input type="text" size=14>
  <p><li>您认为本网站的特色</li><p>
  <input type=checkbox name="c1" value="1">页面美观实用
  <input type=checkbox name="c2" value="2">更新速度快
  <input type=checkbox name="c3" value="3">内容丰富
  <p><li>您对数据传输速率的评价</li>
```

```
  <p><input type="radio" name="r2" checked>
  快
  <input type="radio" name="r2">
  一般
  <input type="radio" name="r2">
  慢
  <p><li>您对我们工作的建议</li>
  <p>
  <textarea rows="5" cols="40"></textarea>
  <p><input type="submit" value="提交"><input type="reset" value="重写">
  </ul>
  </form>
  </body>
</html>
```

第7章 CSS基础知识

7.1 CSS概述

CSS层叠样式表(Cascading Style Sheet)是一种用来表现HTML或XML等文件样式的计算机语言。CSS是为了简化Web页面的更新工作而诞生的,它的功能非常强大,它让网页变得更加美观,维护更加方便。CSS和HTML一样,是一种标签语言,甚至很多属性都源自HTML,它也需要通过浏览器来解释执行。懂得HTML的人都可以容易掌握CSS。

CSS目前最新版本为CSS3,是能够真正实现网页表现与内容分离的一种样式设计语言。相对于传统HTML的表现而言,CSS能够对网页中的对象的位置排版精确到像素级的控制,几乎支持所有的字体字号样式,拥有对网页对象和模型样式的编辑能力,并能够进行初步交互设计,是目前基于文本展示的最优秀的表现设计语言之一。

7.1.1 CSS的基本概念

CSS(Cascading Style Sheets,层叠样式表,简称为样式表)用于增强控制网页样式,并允许将样式信息与网页内容分离的一种标签语言。所谓样式就是格式,在网页中,像文字的大小、颜色以及图片位置等,均可以用样式来控制。层叠是指当在HTML文档中引用多个样式文件(CSS文件)时,如果多个样式文件间所定义的样式存在冲突,将依据层次顺序处理。

利用样式表,可以将站点上所有的网页都指向某个CSS文件,用户只需要修改CSS文件中的某一部分,那么整个站点都会随之发生改变。这样,通过样式表就可以将许多网页的风格格式同时更新,不用再一页一页地修改HTML文档进行更新了,如图7-1所示。

7.1.2 CSS的特点

CSS3增强了对网页的样式控制,可以实现设计圆角边框、多重背景、3D动画、渐变、文字阴影、透明等一系列以前必须依赖图片或者Javascript特效来实现的效果,极大地提升了网页的开发效率。

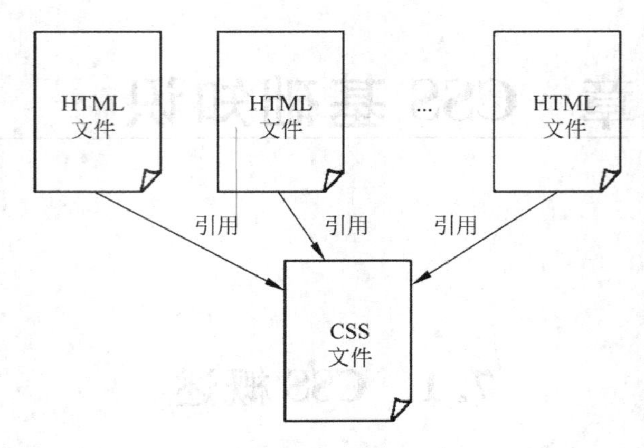

图 7-1 HTML 引用 CSS 样式图

7.1.3 CSS 规范

1. 目录结构命名规范

存放 CSS 样式文件的目录一般命名为 style 或 css。

2. CSS 样式文件的命名规范

在项目初期，会把不同的类别的样式分别放于不同的 CSS 文件中，惯用的名称有全局样式 global. css，框架布局 layout. css，字体样式 font. css，链接样式 link. css，打印样式 print. css，普通样式 css. css 等，在项目的后期，为了网站性能上的考虑，会整合不同的 CSS 文件到同一个 CSS 文件，这个文件一般命名为 style. css 或 css. css。

3. CSS 选择符的命名规范

所有 CSS 选择符必须由小写英文字母、数字或下划线组成，必须以字母开头，不能为纯数字。设计者可以用有意义的单词、缩写组合来命名选择符，应该做到“见其名知其意”。

4. 样式表的书写规则

书写规则：

```
选择符{属性 1:值 1;属性 2:值 2}
```

例如：

```
h1{color:green}
```

这个规则就是告诉浏览器所有<h1>和</h1>标签之间的文字以绿色显示。在取值时，忘记定义尺寸的单位是 CSS 新手常犯的错误。在 HTML 中可以只写 width=100，但是在 CSS 中，必须给一个准确的单位，比如 width：100px 或者 width：100em。只有两种情况可以不定义单位：行高和 0 值。除此以外，其他值都必须紧跟单位，并且不能在数值和单位之间加空格。

7.2 CSS 与 HTML 文档的结合方法

可以使用四种方法将样式表加入到网页中，每种方法都有其不同的优点：

(1) 将样式表嵌入到 HTML 文件的文档头部标签中。

(2) 将样式表加入到 HTML 文件行中。

(3) 将一个外部样式表链接到 HTML 文件中。

(4) 将一个外部样式表导入到 HTML 文件中。以上四种方法，可分成内部样式表(前两者)及外部样式表(后两者)两类。

7.2.1 定义内部样式表

在 HTML 文档的<head>标签之间插入一对<style>…</style>标签，并在其中定义样式。

基本语法：

```
<head>
<style type="text/css">
<!--
选择符 1{属性:属性值; 属性:属性值…}
选择符 2{属性:属性值; 属性:属性值…}
…
选择符 n{属性:属性值; 属性:属性值…}
-->
</style>
</head>
```

语法说明：

- <style>标签是用来说明所要定义的样式。type 属性是指定<style>标签以 CSS 的语法定义。
- 为了防止有些浏览器不支持 CSS，将<style>…</style>标签间的 CSS 规则当成普通字符串，显示在网页上，应将 CSS 的规则代码写在<!--和-->标签之间。
- 选择符 1…选择符 n：选择符就是样式的名称，选择符可以使用 HTML 标签的名称，所有的 HTML 标签都可以作为 CSS 选择符。

实例 7-2-1 代码如下。

```
<html>
    <head>
        <title>定义内部样式表</title>
        <style type="text/css">
            <!--
            h1{color:red;font-size:40px;font-family:幼圆}
            p{background:pink;color:#0000ff;font-size:30px;font-family:楷
            体}
            --></style>
    </head>
    <body bgcolor="#00ff88">
        <center>
        <h1>样式表</h1>
        <p>我应用的是内部定义的样式</p>
        </center>
    </body>
</html>
```

网页效果如图 7-2 所示。

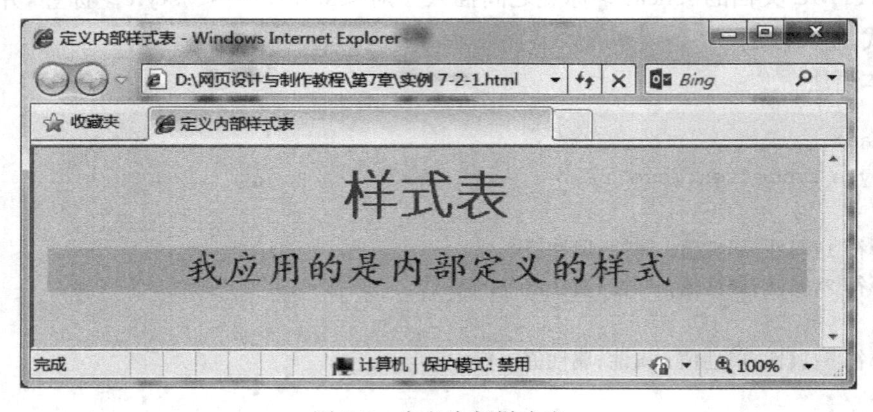

图 7-2　定义内部样式表

7.2.2　定义行内样式

行内样式也称内嵌样式，是指在 HTML 标签中插入 style 属性，style 属性的值就是 CSS 的属性和值。用这种方法，可以很简单地对某个标签进行单独控制。这种样式只对所定义的标签起作用。

基本语法：

```
<标签 style="属性:属性值; 属性:属性值…">
```

实例 7-2-2 代码如下。

```
<html>
    <head>
        <title>定义行内样式</title>
    </head>
    <body bgcolor="#00ff88">
        <center>
        <h1 style="color:red;font-size:40px;font-family:幼圆">样式表</
        h1>
        <p style="background:pink;color:#0000ff;font-size:30px;font-
       family:楷体">
        这是在行内加入样式的效果</p>
        </center>
    </body>
</html>
```

网页效果如图 7-3 所示。

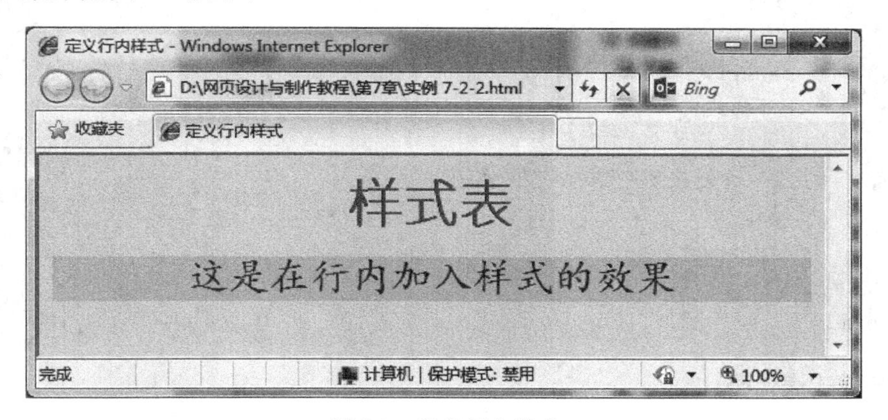

图 7-3　定义行内样式

7.2.3　链入外部样式表

链入外部样式表，浏览器在读取到 HTML 文档的样式表链接标签时，将向所链接的外部样式表文件索取样式。实现方法是，先将样式表保存为一个样式表文件(.css)，然后在网页中用<link>标签链接这个样式表文件。<link>标签必须放在 HTML 页面的<head>…</head>标签内。

基本语法：

```
<head>
<title>...</title>
<link rel="stylesheet" href="外部样式表的路径" type="text/css">
...
```

```
</head>
```

语法说明：

- 外部样式表文件名.css 为预先编写好的样式表文件。
- 外部样式表文件中不能含有任何像<title>或<style>这样的 HTML 标签。样式表只能由样式表规则或声明组成。
- 在 href 属性中可以使用绝对地址也可以使用相对地址。
- 外部样式表文件中，不必再使用注释标签。

实例 7-2-3 代码如下。

HTML 文档代码：

```
<html>
    <head>
        <title>链入外部样式表</title>
        <link rel=stylesheet href="cs.css" type="text/css">
    </head>
    <body bgcolor="#00ff88">
        <center>
        <h1>样式表</h1>
        <p>
        这是一个链接到外部样式表的实例
        </p>
        </center>
    </body>
</html>
```

CSS 样式表代码：

```
h1{color:red;font-size:40px;font-family:幼圆}
p{background:pink;color:#0000ff;font-size:30px;font-family:楷体}
```

网页效果如图 7-4 所示。

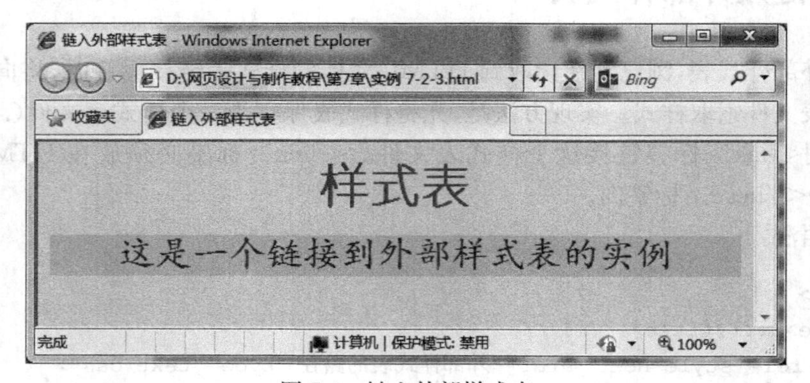

图 7-4　链入外部样式表

7.2.4 导入外部样式表

导入外部样式表就是当浏览器读取 HTML 文件时，会复制一份样式表到这个 HTML 文件中，就是在内部样式表的<style>标签对中导入一个外部样式表文件。

基本语法：

```
<style type="text/css">
<!- -
  @import url("外部样式表的文件名 1.css");
  @import url("外部样式表的文件名 2.css");
```

其他样式表的声明：

```
-->
</style>
```

语法说明：

- import 语句后的";"号是必须的，不能丢掉。
- url 中是样式表的路径，可以是相对路径，也可以是绝对路径。

实例 7-2-4 代码如下。

HTML 文档代码：

```
<html>
   <head>
      <title>导入外部样式表</title>
      <style type="text/css">
         <!--
         @import url("cs.css");
         -->
         </style>
      </head>
   <body bgcolor="#00ff88">
   <center>
      <h1>样式表</h1>
      <p>
      这是一个导入外部样式表的实例
      </p>
      </center>
   </body>
</html>
```

CSS 文件代码：

```
h1{color:red;font-size:40px;font-family:幼圆}
p{background:pink;color:#0000ff;font-size:30px;font-family:楷体}
```

网页效果如图 7-5 所示。

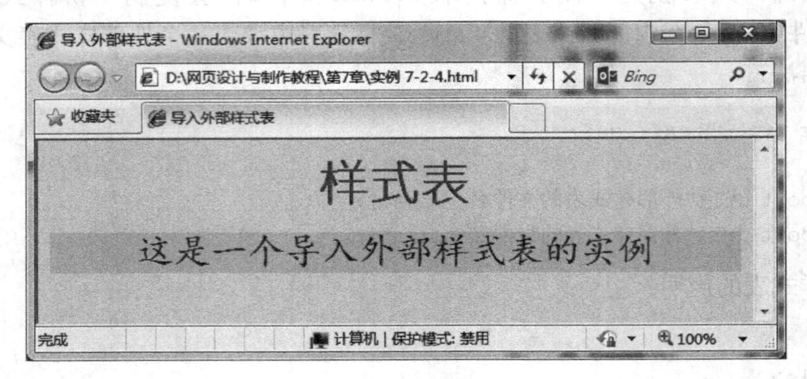

图 7-5　导入外部样式表

7.3　CSS 常用选择符

7.3.1　类型选择符

类型选择符(也可称为标签选择符)是指以文档对象模型(DOM)作为选择符,即选择某个 HTML 标签为对象,设置其样式规则。类型选择符就是网页元素本身,定义时直接使用元素名称。

基本语法:

```
E
{
  /*CSS 代码*/
}
```

例如:

```
h1{color:red;font-size:35px;font-family:黑体}
```

设置 h1 标签的样式为红色 35 像素的黑体字。

7.3.2　class 类选择符

类选择符:通过类选择符定义一个样式,当某个元素需要改样式时,在该元素内通过 class 属性将该样式添加到该元素中。定义类名时最好不要以数字开头,命名时最好要有意义,可以同时给某个元素应用多个类格式:class="类1　类2"(类与类之间用空格隔开)。

基本语法：

```
<style type="text/css">
<!--
.a1{属性:属性值; 属性:属性值…}
.a2{属性:属性值; 属性:属性值…}
…
.an.{属性:属性值; 属性:属性值…}
-- >
</style>
```

或者

```
<style type="text/css">
<!--
标签 1.a1{属性:属性值; 属性:属性值…}
标签 2.a2{属性:属性值; 属性:属性值…}
…
标签 n.an.{属性:属性值; 属性:属性值…}
-->
</style>
```

语法说明：

- . al…an：为类选择符的名称，在整个 HTML 文档中用 class 类选择符引用该类的地方，都会应用此样式。
- 标签 1. al…标签 n. an：为带标签的类选择符的名称，只能是该标签可以引用此样式，其他标签引用此样式无效。

实例 7-3-2 代码如下。

```
<html>
    <head>
        <title>class 类选择符</title>
        <style type="text/css">
            .red{color:#C00;}
            .family{font- family:"楷体";}
            p.green{color:#0f0;}
        </style>
    </head>
    <body>
        <p>我是段落，我没有应用任何样式，只作参考。</p>
        <p class="red">我是段落，我要使用.red 的样式，变成红色！</p>
        <p class="green">我是段落，我要使用 p.green 的样式，变成绿色！</p>
        <h3 class="green">我是三级标题，我也想使用 p.green 的样式，变成绿色，可惜
        不能实现！</h3>
        <h3 class="red family">我是三级标题，我要使用.red 和.family 两个样式，变
        成红色的楷体字。</h3>
    </body>
</html>
```

网页效果如图 7-6 所示。

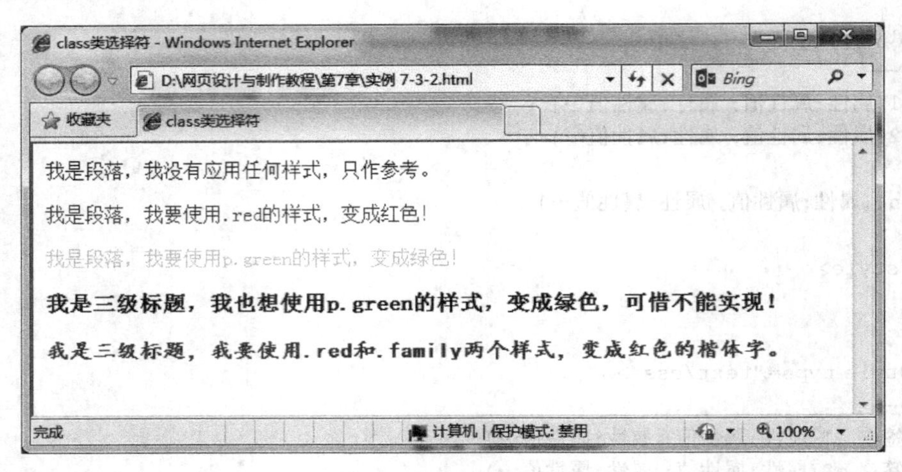

图 7-6　class 类选择符

7.3.3　id 选择符

id 选择符针对某一个元素进行控制，与类基本相似，只是以英文"#"开头，因为 id 具有唯一性，所以在网页中只能出现一次。定义 id 时最好不要以数字开头，命名最好要有意义。

基本语法：

```
<style type="text/css">
<!--
  #a1{属性:属性值; 属性:属性值…}
  #a2{属性:属性值; 属性:属性值…}
…
  #an{属性:属性值; 属性:属性值…}
-->
</style>
```

或者

```
<style type="text/css">
<!--
标签 1#a1{属性:属性值; 属性:属性值…}
标签 2#a2{属性:属性值; 属性:属性值…}
…
标签 n#an{属性:属性值; 属性:属性值…}
-->
</style>
```

语法说明：

- ＃a1…＃an：为 id 选择符的名称，虽然在整个 HTML 文档中用 id 选择符引用该样式的地方，都会应用此样式，但是 id 是唯一的，所以在网页中最好只引用一次，以免出现混乱。
- 标签 1＃a1…标签 n＃an：为带标签的 id 选择符的名称，只能是该标签可以引用此样式，其他标签引用此样式无效。同样，在整个页面中最好只引用一次。

实例 7-3-3 代码如下。

```
<html>
    <head>
        <title>id 选择符</title>
        <style type="text/css">
            p#family{font-family:"楷体";}
            #green{color:#0f0;}
        </style>
    </head>
    <body>
        <p>我是段落,我没有应用任何样式,只作参考。</p>
        <p id="family">我是段落,我要使用 p#family 的样式,变成楷体字。</p>
        <p id="green">我是段落,我要使用#green 的样式,变成绿色! </p>
        <h3 id="green">我是三级标题,我要用#green 的样式,变成绿色,虽然样
        式上可以实现,但是 id 选择符最好只在页面中应用一次,否则和 JavaScript
        结合时,会出现混乱! </h3>
    </body>
</html>
```

网页效果如图 7-7 所示。

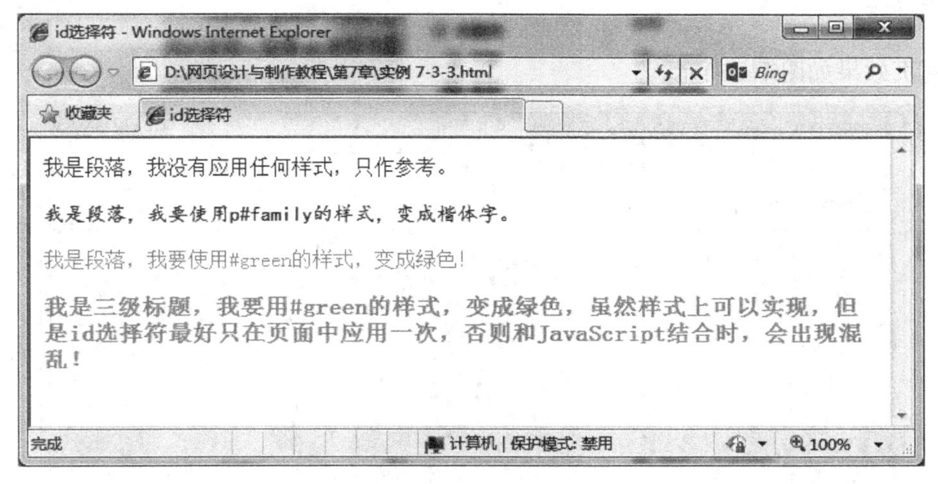

图 7-7　id 选择符

7.3.4 通用选择符

通用选择符可以控制所有的 HTML 元素，作用范围很广，但是效率较低，使用时需要慎重。

基本语法：

```
*{CSS 代码}
```

语法说明：

*代表任意元素。

实例 7-3-4 代码如下。

```
<html>
    <head>
        <title>通用选择符</title>
        <style type="text/css">
        <!--
            *{color:red;font-size:35px;font-family:黑体}
            -->
        </style>
    </head>
    <body bgcolor=lightblue>
        <center>
        <h1>一级标题</h1>
        <p>段落</p>
        <i>斜体字</i>
        </center>
    </body>
</html>
```

网页效果如图 7-8 所示。

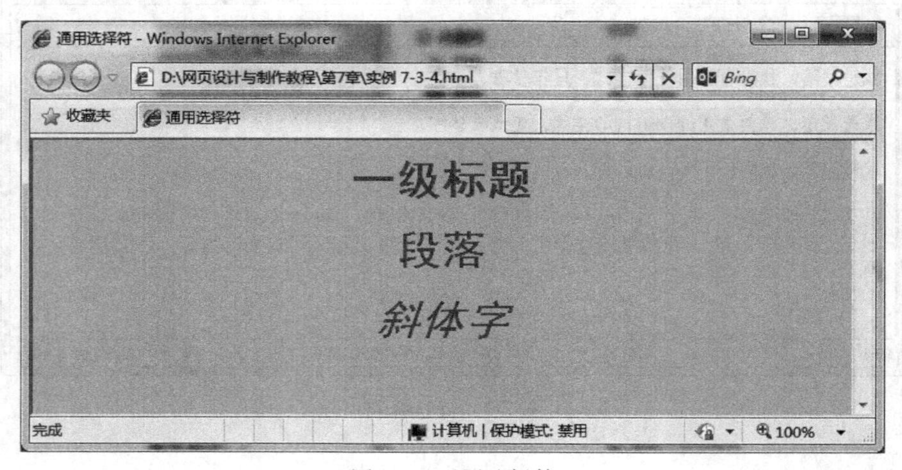

图 7-8　通用选择符

7.3.5 包含选择符

包含选择符是选择符的嵌套使用,针对某个元素中的子元素进行控制,就可以使用该方法,这样就可以不用 id 或者类选择符,代码可以简洁。

基本语法:

```
E1 E2
{
/ * 对子层控制规则 * /
}
```

语法说明:

E1 是父元素,E2 是子元素,E1 E2 之间要用空格分隔,样式只对包含在 E1 里面的 E2 元素中的内容起控制作用。

实例 7-3-5 代码如下。

```
<html>
    <head>
        <title>包含选择符</title>
        <style type="text/css">
            pi{font-size:30pt;color:red}
        </style>
    </head>
    <body bgcolor=lightblue>
        <center>
        <h1>这是一个<i>包含选择符</i>实例</h1>
        <p>这是一个<i>包含选择符</i>实例</p>
        <i>包含选择符</i>
        </center>
    </body>
</html>
```

网页效果如图 7-9 所示。

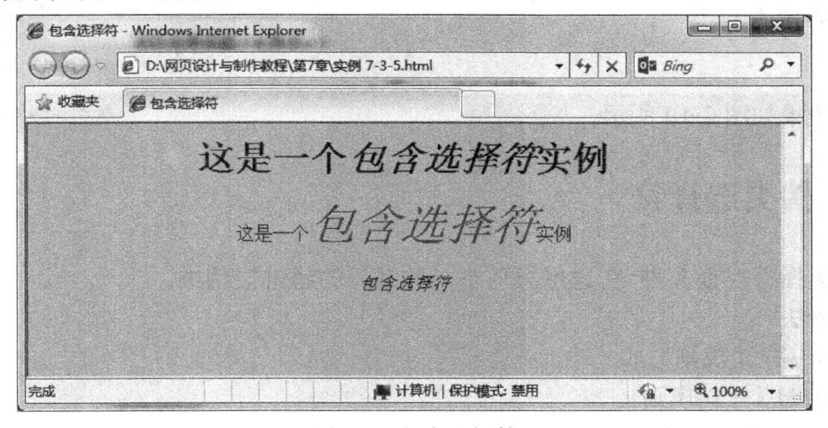

图 7-9 包含选择符

7.3.6 分组选择符

当多个元素具有相同的样式时，可以将共同的样式用分组选择符写在一起，从而实现样式精简，减少代码量。

基本语法：

```
E1,E2,E3
{共同的 CSS 样式}
```

语法说明：

E1 E2 E3 各元素之间用英文逗号“,”分隔，将各元素共有的样式写在里面，不同的样式再单独写即可。

实例 7-3-6 代码如下。

```
<html>
    <head>
        <title>分组选择符</title>
        <style type="text/css">
            p,h1,div{
            color:#F00;
            font-size:36px;
            }
        </style>
    </head>
    <body bgcolor=lightblue>
        <center>
        <h1>一级标题</h1>
        <p>段落文字</p>
        <div>div</div>
        </center>
    </body>
</html>
```

网页效果如图 7-10 所示。

7.3.7 伪类选择符

伪类选择符有很多种，在这里只列举一种常用的超链接伪类。

基本语法：

a：link {样式规则}。

a：visited {样式规则}。

a：hover {样式规则}。

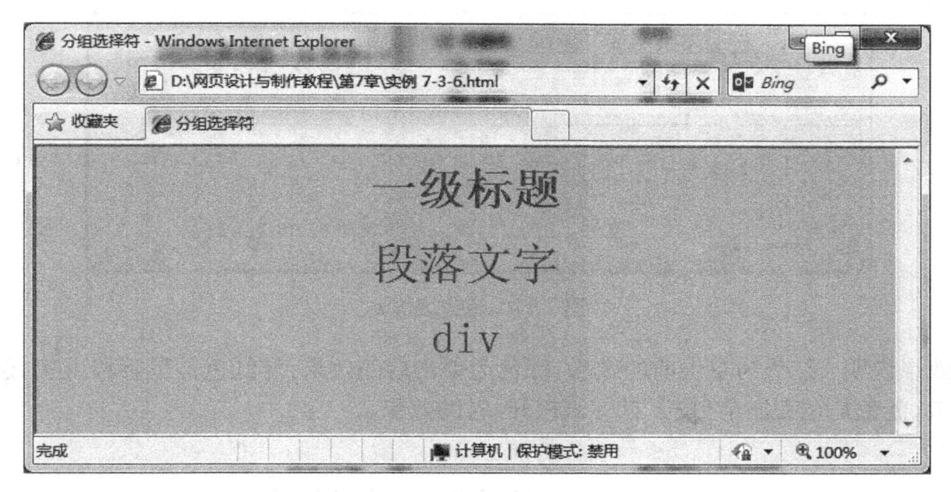

图 7-10　分组选择符

a：active {样式规则}。

语法说明：

- a：link 用于设置 a 对象在未被访问前的样式。
- a：visited 用于设置 a 对象在链接地址已被访问过时的样式。
- a：hover 用于设置 a 对象在鼠标悬停时的样式。
- a：active 用于设置 a 对象在被用户激活(按下鼠标未松手)时的样式。
- 注意书写顺序,顺序混乱可能造成悬停效果失效。

实例 7-3-7 代码如下。

```
<html>
    <head>
        <title>超链接伪类</title>
        <style type="text/css">
            a:link {color: #ff0000}                /* 未访问的链接: 红色 */
            a:visited {color: #00ff00}             /* 已访问的链接: 绿色 */
            a:hover {color: #ff00ff}               /* 鼠标悬停到链接上: 洋红色 */
            a:active {color: #0000ff}              /* 激活的链接: 蓝色 */
        </style>
    </head>
    <body bgcolor=lightblue>
        <center>
        <a href="http://www.baidu.com">空链接</a>
        </center>
    </body>
</html>
```

网页效果如图 7-11 所示。

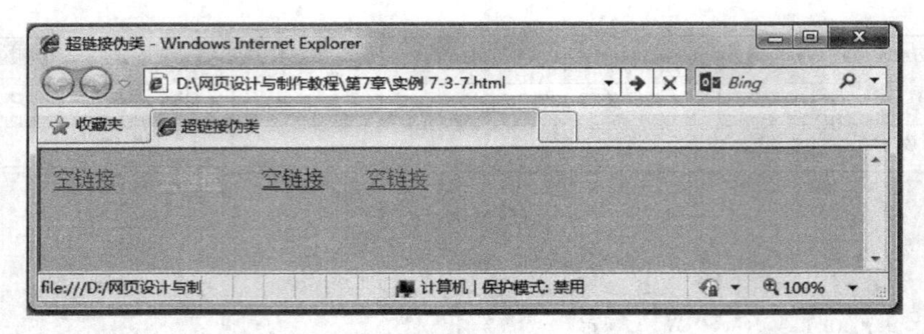

图 7-11　超链接伪类

效果说明：红色为单击前的效果，绿色为单击后的效果，洋红色是鼠标移上去（悬停）的效果，蓝色是正在激活（按下鼠标未松开）时的效果。

7.4　CSS 设置文字的样式

7.4.1　设置文字的字体

在 HTML 中，通过<font>标签的 face 属性设置文字字体。而在 CSS 中，则使用 font-family 属性。

基本语法：

```
font-family: 字体名称 1, 字体名称 2
```

语法说明：

- 可以同时设置多个字体，中间用英文逗号分隔，当第一个字体不存在时，浏览器会使用第二种字体，如果设置的字体都不存在，则使用默认字体。
- 当设置的字体中间存在空格时，需要用英文的双引号引起来。

实例 7-4-1 代码如下。

```
<html>
    <head>
        <title>设置文字字体</title>
        <style type="text/css">
            .face  {
            font-family:"Times New Roman",Georgia,Serif;
            }
        </style>
    </head>
    <body>
        <p>happy 无字体设置，作参考用</p>
        <p class="face">happy</p>
    </body>
</html>
```

网页效果如图 7-12 所示。

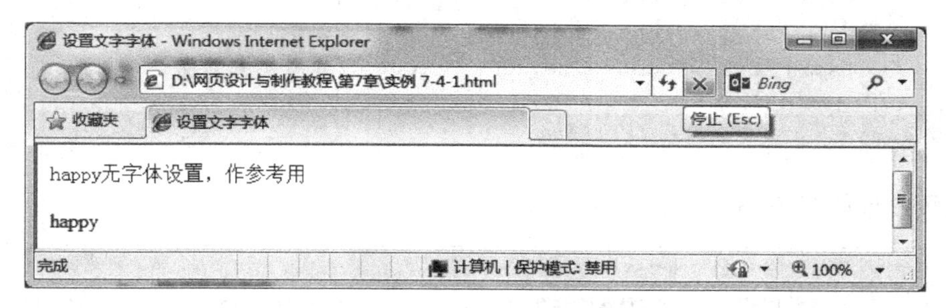

图 7-12 设置文字字体

7.4.2 设置字体的大小

在设计页面时，我们需要使用不同大小的字体，在 CSS 样式中可以通过 font-size 属性设置字体的大小。

基本语法：

```
font-size: 绝对尺寸|相对尺寸|长度|百分比
```

语法说明：

- 绝对字体尺寸。取值：xx-small——最小；x-small——较小；small——小；medium——正常(默认值)，根据字体进行调整；large——大；x-large——较大；xx-large——最大。
- 相对字体尺寸(相对于其父容器的字体尺寸)。取值 larger——相对于父容器中字体尺寸进行相对增大；smaller——相对于父容器中字体尺寸进行相对减小。
- 长度表示法：pt(点)px(像素)。
- 百分比表示法：数值%(相对于其父容器的字体尺寸)。

实例 7-4-2 代码如下。

```
<html>
   <head>
      <title>设置文字尺寸</title>
   </head>
   <body>
      <span style="font-size:xx-small">xx-small</span>
      <span style="font-size:x-small">x-small</span>
      <span style="font-size:small">small</span>
      <span style="font-size:medium">medium</span>
      <span style="font-size:large">large</span>
      <span style="font-size:x-large">x-large</span>
      <span style="font-size:xx-large">xx-large</span><br>
      <span style="font-size:2em">2em</span>
```

```
        <span style="font-size:20px">20px</span>
        <span style="font-size:20pt">20pt</span>
        <span style="font-size:200% ">200% </span>
    </body>
</html>
```

网页效果如图 7-13 所示。

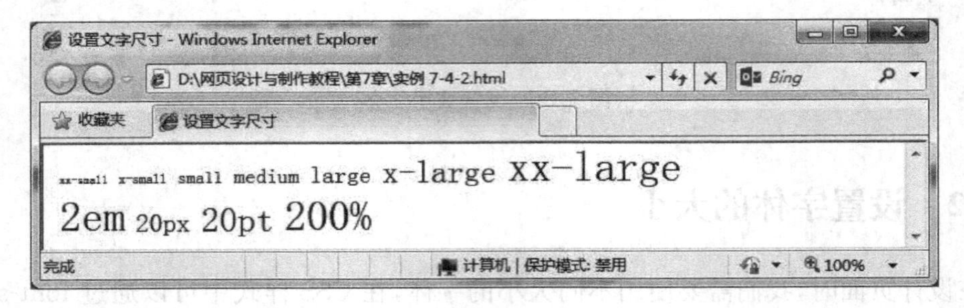

图 7-13 设置文字尺寸

7.4.3 设置字体的粗细

在 CSS 样式中我们通过 font-weight 属性来设置字体的粗细。

基本语法：

```
font-weight:normal | bold | bolder | lighter | 100 | 200 | 300 | 400 | 500 | 600 |
700 | 800 | 900
```

语法说明：

- normal：正常，等同于 400。
- bold：粗体，等同于 700。
- bolder：更粗。
- lighter：更细。
- 100 | 200 | 300 | 400 | 500 | 600 | 700 | 800 | 900：字体粗细的绝对值。

实例 7-4-3 代码如下。

```
<html>
    <head>
        <title>设置字体的粗细</title>
    </head>
    <body>
        <span style="font-weight:normal">normal</span>
        <span style="font-weight:bold">bold</span>
        <span style="font-weight:bolder">bolder</span>
        <span style="font-weight:lighter">lighter</span><br>
```

```
        <span style="font-weight:100">100</span>
        <span style="font-weight:200">200</span>
        <span style="font-weight:300">300</span>
        <span style="font-weight:400">400</span>
        <span style="font-weight:500">500</span>
        <span style="font-weight:600">600</span>
        <span style="font-weight:700">700</span>
        <span style="font-weight:800">800</span>
        <span style="font-weight:900">900</span>
    </body>
</html>
```

网页效果如图 7-14 所示。

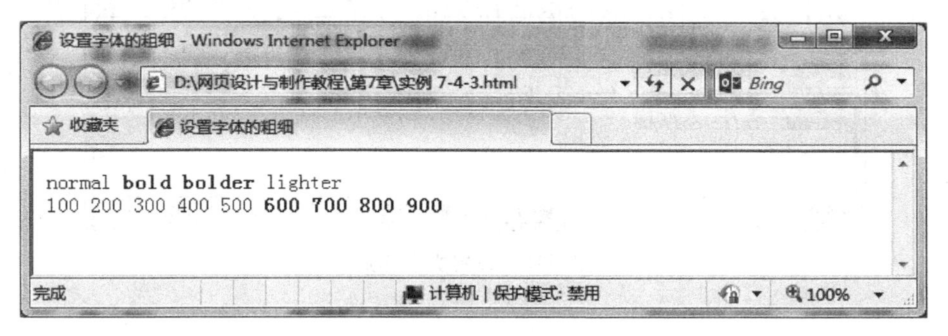

图 7-14　设置字体的粗细

效果说明：在 IE 浏览器中 CSS 里的 font-weight：500 以下的都没效果，只有 600 以上会加粗。因为字体本身粗细千变万化，没有统一标准，对于字体粗细的具体定义也各不相同。不同的字体在不同的浏览器里看到的效果也都略有不同。如果想很好的控制文字的粗细，可以将文字做成图片。

7.4.4　设置字体的倾斜

在 CSS 中我们通过 font-style 属性来设置字体的倾斜。

基本语法：

```
font-style: normal || italic || oblique
```

语法说明：

- normal：正常，浏览器默认效果。
- italic：浏览器会显示一个斜体的字体样式（字体本身有斜体）。
- oblique：浏览器会显示一个倾斜的字体样式（强制倾斜）。

实例 7-4-4 代码如下。

```
<html>
    <head>
        <title>设置文字样式</title>
    </head>
    <body>
        <span style="font-style:normal">normal</span>
        <span style="font-style:italic">italic</span>
        <span style="font-style:oblique">oblique</span>
    </body>
</html>
```

网页效果如图 7-15 所示。

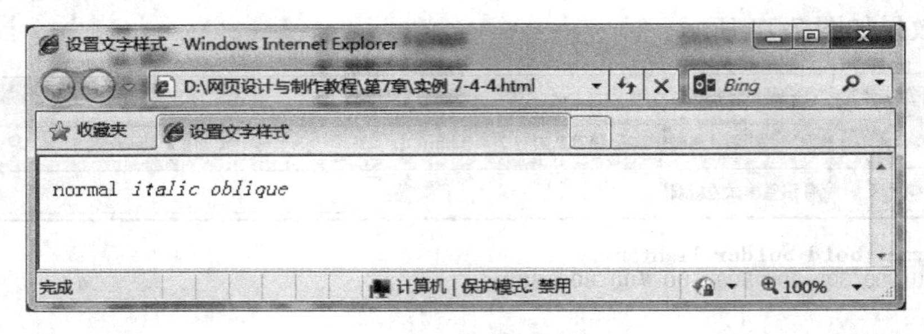

图 7-15　设置文字样式

7.4.5　设置字体的修饰

使用 CSS 样式可以对文本进行简单的修饰，比如给文字添加下画线、顶画线和删除线等，可以通过 text-decoration 属性来实现这些效果。

基本语法：

```
text-decoration: underline || overline || line-through | none
```

语法说明：

- underline：下画线效果。
- overline：上画线效果。
- line-through：贯穿线效果，类似于删除线的效果。
- none：没有修饰。

实例 7-4-5 代码如下。

```
<html>
    <head>
        <title>设置字体修饰</title>
    </head>
    <body>
```

```
        <span style="text-decoration:underline">underline</span>
        <span style="text-decoration:overline">overline</span>
        <span style="text-decoration:line-through">line-through</span>
        <span style="text-decoration:none">none</span>
    </body>
</html>
```

网页效果如图 7-16 所示。

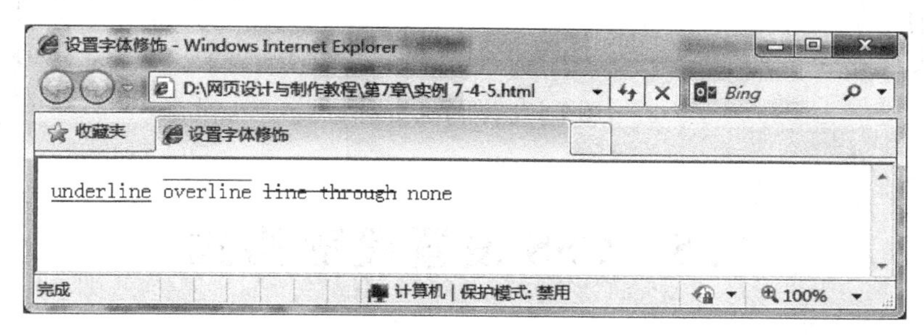

图 7-16　设置字体修饰

7.4.6　设置字体的阴影

在 CSS3 中新增了设置字体阴影的功能，可以通过 text-shadow 属性来实现这个效果。

基本语法：

```
text-shadow:color ||length || length||opacity
```

语法说明：

color 用于设置阴影的颜色，第一个 length 用于设置阴影水平方向上的位移，第二个 length 用于设置阴影垂直方向上的位移，opacity 用于设置阴影的模糊程度。

实例 7-4-6 代码如下。

```
<html>
    <head>
        <title>设置文字阴影</title>
        <style type="text/css">
            .yr{font-size:3.2em;text-shadow:5px 2px 6px #0000ff;}
        </style>
    </head>
    <body>
        <div class="yr">文字阴影 text-shadow </div>
    </body>
</html>
```

网页效果如图 7-17 所示。

图 7-17　设置文字阴影

7.5　CSS 设置段落格式

7.5.1　设置文字的对齐方式

在 CSS 样式中我们可以通过 text-align 属性来设置文字的对齐方式。

基本语法：

```
text-align: left | right | center | justify
```

语法说明：

- left：左对齐。
- right：右对齐。
- center：居中对齐。
- justify：两端对齐。

实例 7-5-1 代码如下。

```
<html>
    <head>
        <title>设置文字对齐方式</title>
    </head>
    <body>
        <p style="text-align:left">left left left</p>
        <p style="text-align:center">center center center center</p>
        <p style="text-align:right">right right right right</p>
        < p  style =" text - align: justify " > justify  justify
        justifyjustifyjustify justifyjustifyjustify justify</p>
    </body>
</html>
```

网页效果如图 7-18 所示。

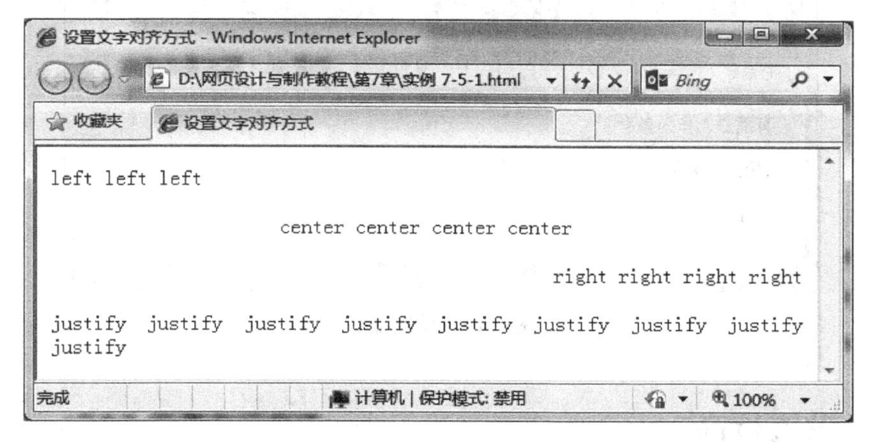

图 7-18 设置文字对齐方式

7.5.2 设置首行缩进

首行缩进是在书写时的习惯，在 CSS 样式中可以通过 text-indent 属性设置文本缩进。

基本语法：

```
text-indent: length
```

语法说明：

length 的取值可以是相对长度也可以是绝对长度，常用的缩进两个字符，length 的取值为 2em。

实例 7-5-2 代码如下。

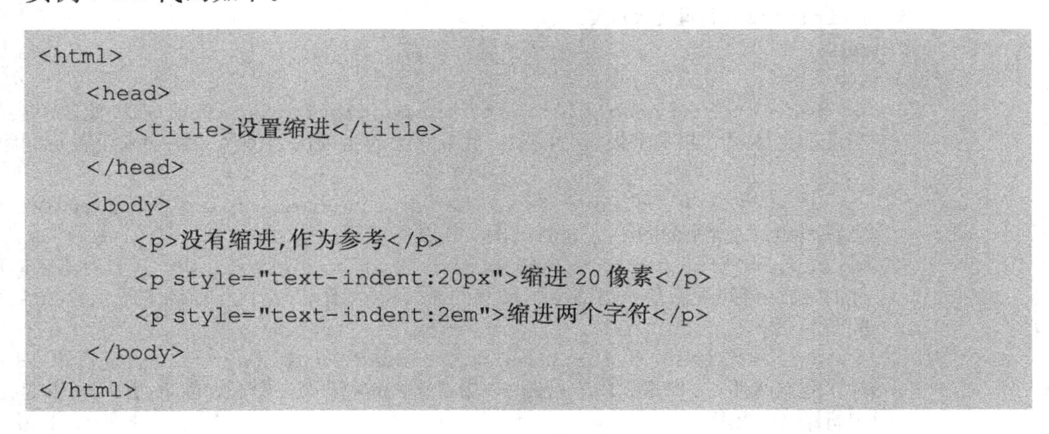

```
<html>
    <head>
        <title>设置缩进</title>
    </head>
    <body>
        <p>没有缩进,作为参考</p>
        <p style="text-indent:20px">缩进 20 像素</p>
        <p style="text-indent:2em">缩进两个字符</p>
    </body>
</html>
```

网页效果如图 7-19 所示。

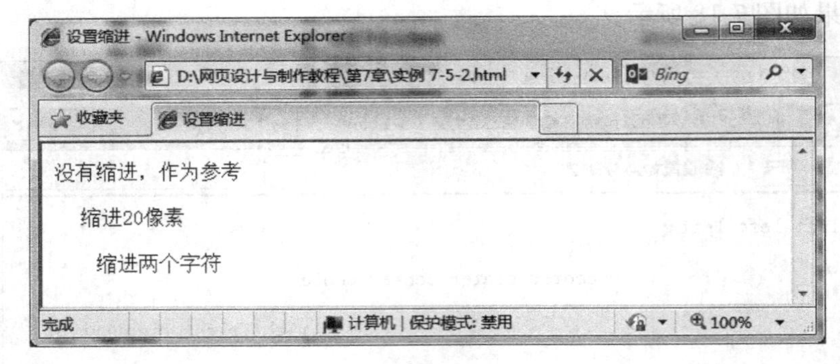

图 7-19　设置缩进

7.5.3　设置行高

在 CSS 样式中,可以通过 line-height 属性控制行与行之间的垂直间距(也就是行距)。

基本语法：

```
line-height: 数字 | normal|百分数|lenght
```

语法说明：

- 数字：此数字会与当前的字体尺寸相乘来设置行间距。
- normal：正常行间距。
- 百分数：基于当前字体尺寸的百分比行间距。
- lenght：设置固定的行间距,设置过小时,会导致文字重叠在一起。

实例 7-5-3 代码如下。

```
<html>
    <head>
        <title>设置行间距</title>
    </head>
    <body>
        <p style="line-height:2;background-color:pink">数值为 2,此数字会与
        当前的字体尺寸相乘来设置行间距。此数字会与当前的字体尺寸相乘来设置行间距。
        </p>
        <p style="line-height:normal;background-color:blue">正常行间距。正
        常行间距。正常行间距。正常行间距。正常行间距。</p>
        <p style="line-height:300%;background-color:yellow">基于当前字体尺
        寸的 300%行间距。基于当前字体尺寸的 300%行间距。基于当前字体尺寸的 300%行
        间距。</p>
        <p style="line-height:16px;background-color:green">固定行距 16 像
        素。固定行距 16 像素。固定行距 16 像素。固定行距 16 像素。固定行距 16 像素.固
        定行距 16 像素。
        </p>
    </body>
</html>
```

网页效果如图 7-20 所示。

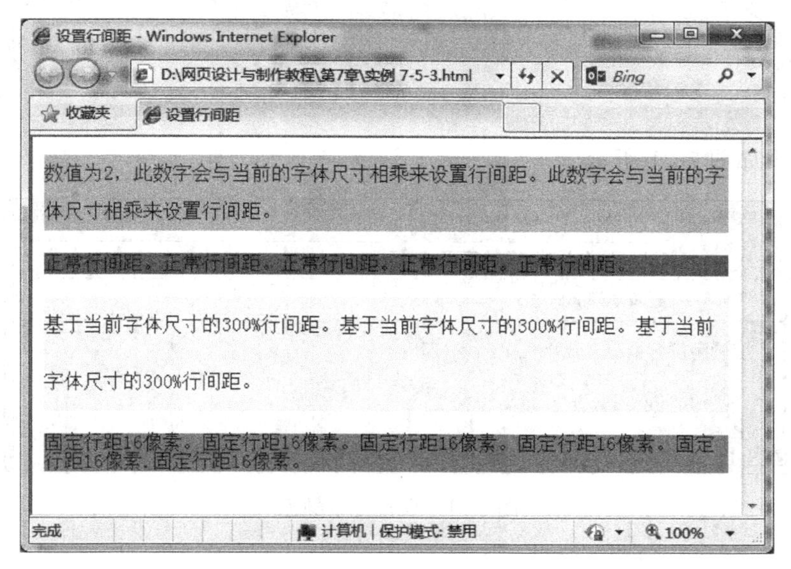

图 7-20　设置行间距

7.6　CSS 设置网页背景

7.6.1　设置背景颜色

在 CSS 中，可以通过 background-color 属性来设置元素的背景颜色，属性值为某种颜色名称或颜色代码。

基本语法：

```
background-color: color | transparent
```

语法解释：

color 用于指定背景颜色，transparent 是设置背景透明，即没有背景色，与默认效果一致。

实例 7-6-1 代码如下。

```
<html>
    <head>
        <title>设置背景颜色</title>
        <style type="text/css">
            p{background-color:pink;}
        </style>
    </head>
```

```
    <body bgcolor=lightblue>
        <p>我有粉色的背景</p>
    </body>
</html>
```

网页效果如图 7-21 所示。

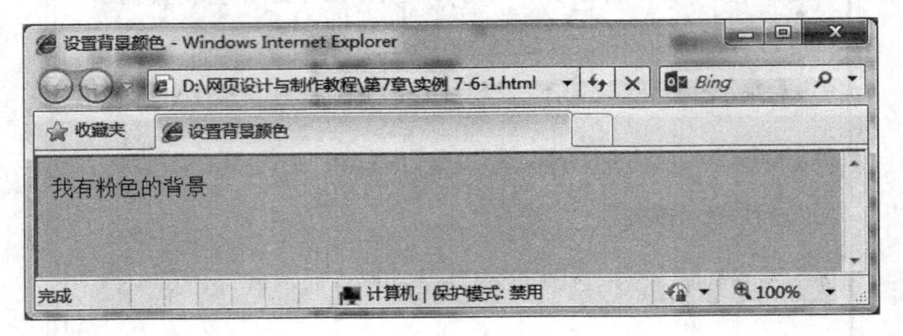

图 7-21 设置背景颜色

7.6.2 设置背景图像

在 CSS 样式中，可以通过 background-image 属性设置元素的背景图片，从而美化网页。

基本语法：

```
background-image:url(url) | none
```

语法说明：

url 是图片的路径，none 是没有背景图片，与默认效果一致。如果图片不够大，会在水平方向和垂直方向重复铺满整个元素。

实例 7-6-2 代码如下。

```
<html>
    <head>
        <title>设置背景图片</title>
        <style type="text/css">
            p{background-image:url(yll.jpg);font-size:30px; color:blue;}
        </style>
    </head>
    <body bgcolor=lightblue>
        <p>我自带背景图片<br>
        我自带背景图片<br>
        我自带背景图片<br>
        我自带背景图片<br>
```

```
        我自带背景图片<br>
        </p>
    </body>
</html>
```

网页效果如图 7-22 所示。

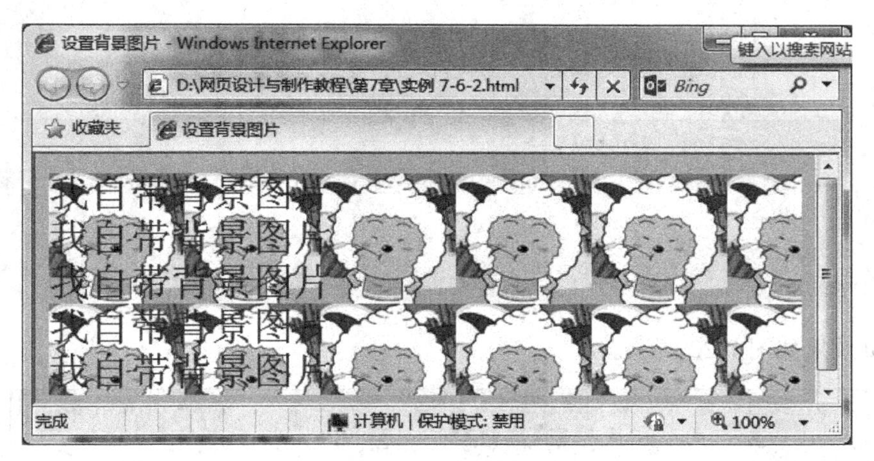

图 7-22　设置背景图片

(1) 设置背景重复。在默认情况下，图像会自动向水平和竖直两个方向平铺。可以使用 background-repeat 属性来控制背景图片重复。

基本语法：

```
background-repeat: repeat | no-repeat | repeat-x | repeat-y
```

语法说明：

repeat 是默认值，在水平和垂直方向上重复平铺。no-repeat 是不重复，无论图片能否铺满元素。repeat-x 是在水平方向上重复，repeat-y 是在垂直方向上重复。

(2) 设置背景定位。在 CSS 样式中，可以使用 background-position 属性来改变背景图片在元素中的位置。

基本语法：

```
background-position: length || length
background-position: position || position
```

语法说明：

- 第一个 length 代表背景图片距离浏览器左侧的距离，第二个 length 代表背景图片距离浏览器顶端的距离。
- 第一个 position 代表背景图片的水平位置(left、center、right)，第二个 position 代表图片的垂直位置(top、middle、bottom)。

实例 7-6-2-1 代码如下。

```
<html>
    <head>
        <title>设置背景图片位置</title>
    </head>
        <style type="text/css">
            body{background-image:url(yll.jpg);
            background-position:100px 50px;
            background-repeat:no-repeat}
        </style>
    <body bgcolor=lightblue>
        <p>背景图片距离浏览器左侧 100 像素,距离浏览器顶端 50 像素,并且不重复。
        </p>
    </body>
</html>
```

网页效果如图 7-23 所示。

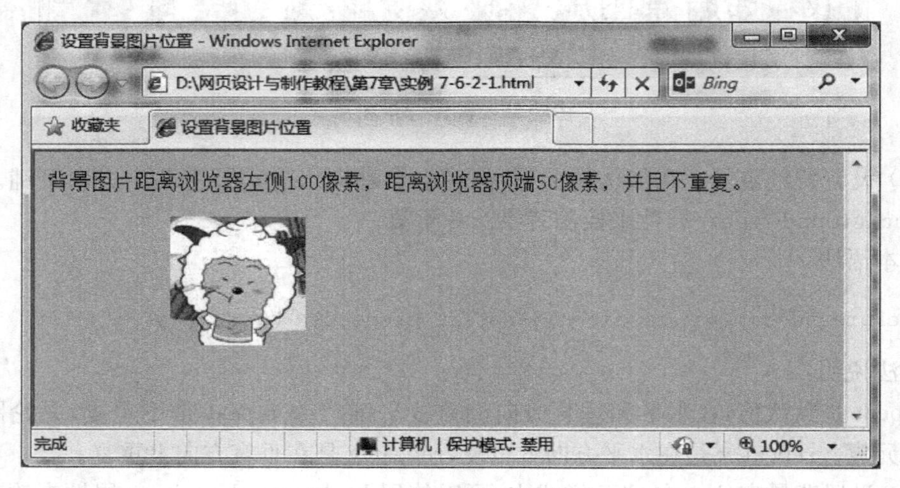

图 7-23　设置背景图片位置

7.7　div+CSS 布局方法

7.7.1　div 标签

1. div 标签简介

div 标签是用来为 HTML 文档中大块的内容提供结构和背景的元素。它是一个块级元素,不同的 div 会分行显示。div 本身没有特殊的含义,只是作为一种容器使用。

2. div 的嵌套

div 标签是可以被嵌套的，这种嵌套的 div 主要用于实现更为复杂的页面排版。下面以两个示例说明嵌套的 div 之间的关系。

图 7-24 显示的是 div 的并列关系，图 7-25 显示的是 div 的嵌套关系，top、mainbox、sidebox、footer 都嵌套在 container 中。

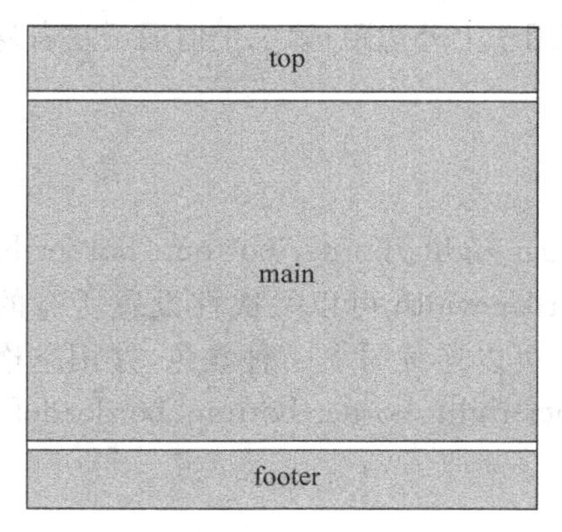

图 7-24　并列关系

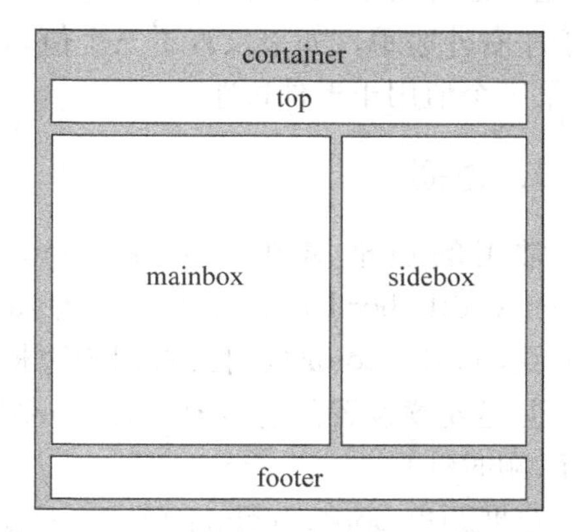

图 7-25　嵌套关系

7.7.2　CSS 盒模型

盒模型将页面中的每个元素看作一个矩形框，这个框由元素的内容、内边距(padding)、边框(border)和外边距(margin)组成，如图 7-26 所示。

盒模型对象的尺寸与边框等样式表属性的关系，如图 7-27 所示。

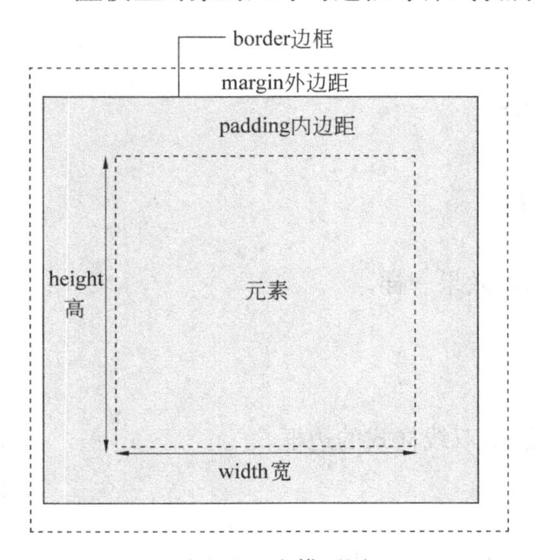

图 7-26　盒模型图

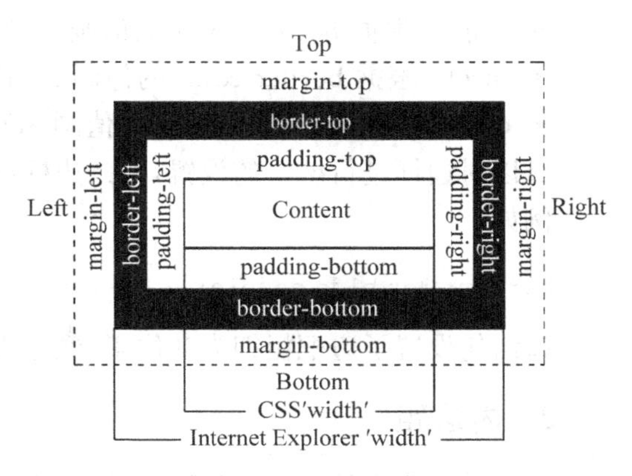

图 7-27　盒模型属性关系图

盒模型的属性如下。

1. 外边距

外边距也称为外补丁。外边距的属性有 margin-top、margin-right、margin-bottom、margin-left，可分别设置，也可以用 margin 属性，一次设置所有边距。如果设置了一个值，则该值应用于四个外边距。如果设置了两个值，第一个值用于上下外边距，第二个值用于左右外边距。如果设置了三个值，则第一个值用于上外边距，第二个值用于左右外边距，第三个值用于下外边距。

2. 边框

常用的边框属性有 7 项：border-top、border-right、border-bottom、border-left、border-width、border-color、border-style。其中 border-width 可以一次性设置所有的边框宽度，border-color 同时设置四个边框的颜色时，可以连续写上 4 种颜色，并用空格分隔。上述连续设置的边框都是按 border-top、border-right、border-bottom、border-left 的顺序（顺时针）。

边框颜色 border-color：颜色号或颜色名称；

边框样式 border-width：数值；

边框样式 border-style：none | dotted | dashed | solid | double | groove | ridge | inset | outset。

其中，

- none：代表没有边框，与 border-width 值无关。
- dotted：点画线边框。
- dashed：虚线边框。
- solid：实线边框。
- double：双线边框。
- groove：根据 border-color 的值画 3D 凹槽。
- ridge：根据 border-color 的值画菱形边框。
- inset：根据 border-color 的值画 3D 凹边。
- outset：根据 border-color 的值画 3D 凸边。

可以对边框进行统一的设置，四条边框显示的效果一样。

例如

```
border: 3px blue double;
```

该语句设置了边框粗细为 3 像素，颜色为蓝色，双线样式的边框。

3. 内边距

内边距也称内补丁，用于设置元素与边框之间的距离，包括了 4 项属性：padding-top（上内边距）、padding-right（右内边距）、padding-bottom（下内边距）、padding-left（左内边距)，内边距属性不允许设置负值。与外边距类似，内边距也可以用 padding 一次性设置所有内边距，格式也和 margin 相似，这里不再赘述。

7.7.3 盒模型的宽度与高度

盒模型的宽度与高度是元素内容、内边距、边框和外边距这 4 部分的属性值之和。

1. 盒模型的宽度

盒模型的宽度＝左外边距(margin-left)＋左边框(border-left)＋左内边距(padding-left)＋内容宽度(width)＋右内边距(padding-right)＋右边框(border-right)＋右外边距(margin-right)

2. 盒模型的高度

盒模型的高度＝上外边距(margin-top)＋上边框(border-top)＋上内边距(padding-top)＋内容高度(height)＋下内边距(padding-bottom)＋下边框(border-bottom)＋下外边距(margin-bottom)

盒模型实例 7-7-3 代码如下。

```
<html>
    <head>
        <title>盒状模型</title>
        <style>
            .box{
            width:200px;
            height:200px;
            border:2px red dotted;
            margin:20px 40px 60px 80px;
            padding:20px 40px 60px 80px;
            background-color:yellow;
            }
        </style>
    </head>
    <body>
        <div class="box">盒状模型,边框粗 2 像素,线型为点线,边框为红色。上外边距
        为 20 像素,右外边距 40 像素,下外边距 60 像素,左外边距 80 像素。上内边距 20 像
        素,右内边距 40 像素,下内边距 60 像素,左内边距 80 像素。</div>
    </body>
</html>
```

网页效果如图 7-28 所示。

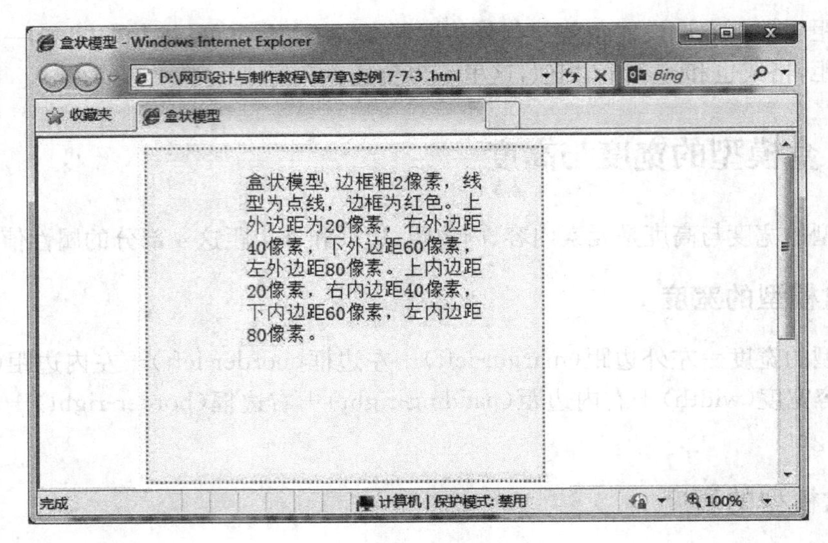

图 7-28　盒状模型

7.8　CSS 的定位

CSS 为定位和浮动提供了一些属性,利用这些属性,可以建立列式布局,将布局的一部分与另一部分重叠,还可以完成以前需要用多个表格才能实现的布局。

定位的基本思想很简单,可以定义容器相对于其正常位置应该出现的位置,或者相对于父元素或者另一个元素甚至浏览器窗口本身的位置。

CSS 定位(position)属性有 4 种不同类型的定位模式。

基本语法:

```
position: static | relative | absolute | fixed
```

语法说明:

- static 静态定位,浏览器默认定位,对象遵循 HTML 定位规则。
- relative 生成相对定位的元素,相对于其正常位置进行偏移,原本所占的空间位置仍会保留。
- absolute 生成绝对定位的元素。脱离文档流定位,不再占有原来的空间,好像元素不存在一样,可以重叠在一起。
- fixed 生成绝对定位的元素,相对于浏览器窗口进行定位。元素的位置通过 left、top、right 以及 bottom 属性进行规定。

7.8.1　静态定位

静态定位是 position 属性的默认值,即该元素在文档中的常规位置,不会重新定位。

通常此属性可以不设置，除非是要覆盖以前的定义。

静态定位实例。假设有这样一个页面布局，页面中分别定义了 id="top"、id="box"和 id="footer"这 3 个 div 容器，彼此是并列关系。id="box"的容器又包含 id="box-1"、id="box-2"和 id="box-3"这 3 个子 div 容器，三个容器彼此也是并列关系。编写相应的 CSS 样式以及 HTML 文档，并在浏览器中查看效果。

实例 7-8-1 代码如下。

```
<html>
<head>
<title>静态定位</title>
<style type="text/css">
*{margin:0px;}
body{
    font-size:25px;
}
#top{
    width:320px;
    line-height:30px;
    background-color:#c21;
    padding-left:5px;
}
#box{
    width:320px;
    background-color:#FF0;
    padding-left:5px;
    position:static;        /*默认属性可以不写*/
}
#box-1{
    width:290px;
    background-color:#f9F;
    margin-left:20px;
    padding-left:5px;
}
#box-2{
    width:290px;
    background-color:#f6F;
    margin-left:20px;
    padding-left:5px;
}
#box-3{
    width:290px;
    background-color:#f3F;
    margin-left:20px;
    padding-left:5px;
}
```

```
#footer {
    width:320px;
    line-height:30px;
    background-color:#aCF;
    padding-left:5px;
}
</style>
</head>
<body>
    <div id="top">id=&quot;top&quot;</div>
    <div id="box">id=&quot;box&quot;
        <div id="box-1">
        <p>id=&quot;box-1&quot;</p>
        <p> </p>
        </div>
        <div id="box-2">
        <p>id=&quot;box-2&quot;</p>
        <p> </p>
        </div>
        <div id="box-3">
        <p>id=&quot;box-3&quot;</p>
        <p> </p>
        </div>
    </div>
    <div id="footer">id=&quot;footer&quot;</div>
</body>
</html>
```

网页效果如图 7-29 所示。

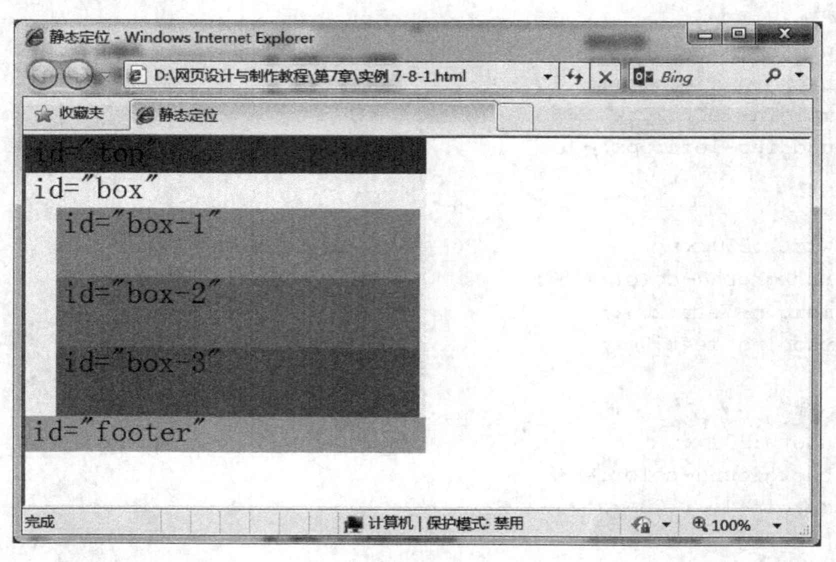

图 7-29　静态定位

7.8.2 相对定位

“position:relative;”表示相对定位是通过设置水平或垂直位置的值，让这个元素“相对于”它原始的位置进行移动。

使用上面的实例继续深入研究，将 id="box"的容器向下移动 30px，向右移动 30px。编写相应的 CSS 样式及 HTML 文件，并在浏览器中查看效果。

实例 7-8-2 部分代码如下。

```
#box {
    width:320px;
    background-color:#FF0;
    padding-left:5px;
    position:relative;
    top:30px;
    left:30px;
}
```

网页效果如图 7-30 所示。

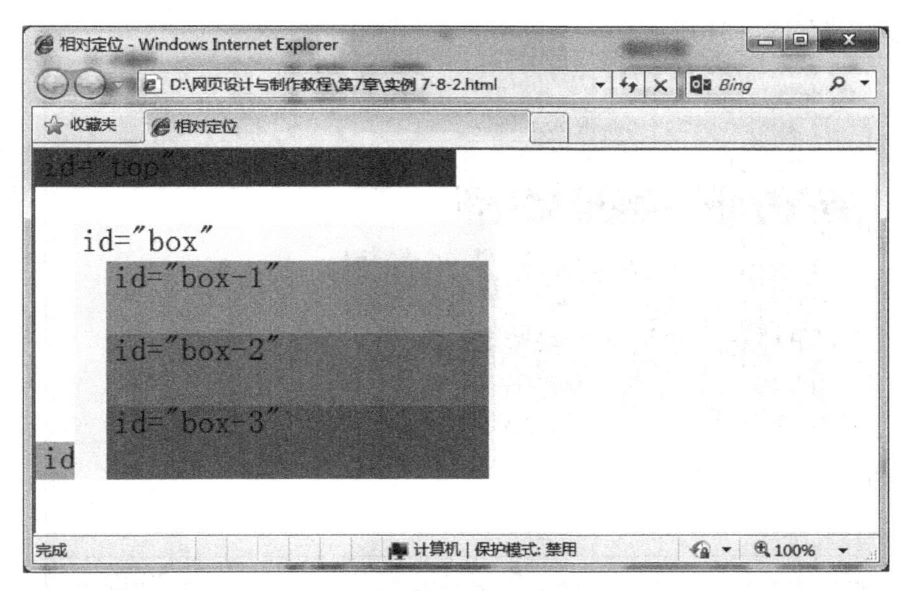

图 7-30 相对定位

效果说明：box 的位置发生偏移，左侧添加 30 像素，上方添加 30 像素。但仍然占据原有的空间，发生重叠时会覆盖其他容器，而不会将其他容器挤走。

7.8.3　绝对定位

“position:absolute;”表示绝对定位,使用绝对定位的对象可以被放置在文档中任何位置,位置将依据浏览器左上角的 0 点开始计算。

继续使用上面的实例深入讨论,将 id="box-1"的容器进行绝对定位,距离浏览器顶部 50px,距离浏览器左侧 100px。编写相应的 CSS 样式及 HTML 文档,在浏览器中查看效果。

实例 7-8-3 部分代码如下。

```
#box-1 {
    width:290px;
    background-color:#f9F;
    margin-left:20px;
    padding-left:5px;
    position:absolute;
    top:50px;
    left:100px;
}
```

网页效果如图 7-31 所示。

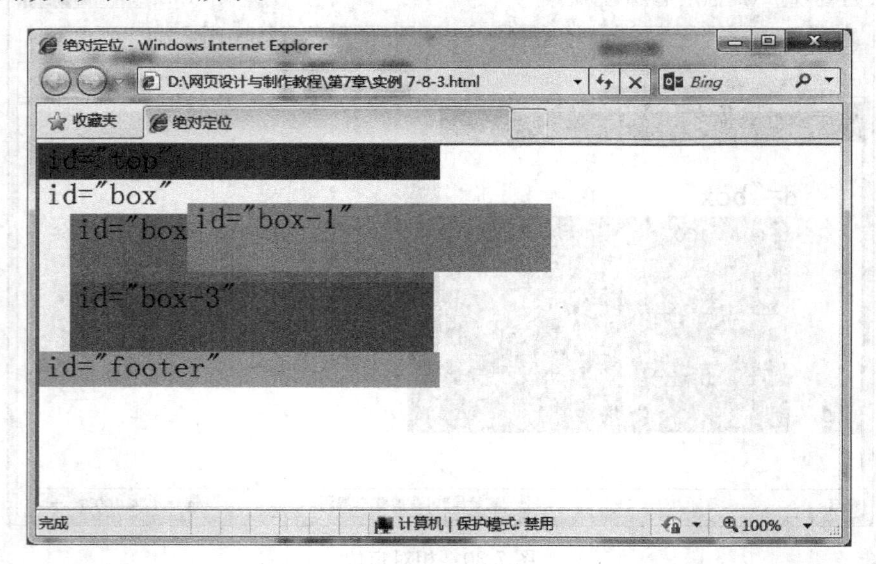

图 7-31　绝对定位

效果说明:box-1 的位置相对于浏览器的位置是固定不变的,已经脱离了原来的文档流,不再占据空间,可以发生重叠,当多个容器重叠在一起时,用 z-index 属性设置叠放顺序,数值大的显示在上方。

7.8.4 固定定位

“position:fixed;”表示固定定位,固定定位其实是绝对定位的子类别。设置了固定定位底下的元素在浏览器的窗口中的位置是固定不变的,即便是页面文档发生了滚动,它也会一直停留在其原始的位置。

为了对固定定位演示得更加清楚,将 id="box1"的容器进行固定定位,将 id="box2"的容器的高度设置得尽量大,以便能使窗口出现滚动条,看到固定定位的效果。编写相应的 CSS 样式及 HTML 文件,在浏览器中查看效果。

实例 7-8-4 代码如下。

```
<html>
<head>
<title>固定定位示例</title>
<style type="text/css">
body {
    font-size:20px;
}
#box1 {
    width:100px;
    height:200px;
    padding:5px;
    background-color:pink;
    position: fixed;
    top:30px;
    left:30px;
}
#box2 {
    width:100px;
    height:1000px;
    padding:5px;
    background-color:pink;
    position: absolute;
    top:30px;
    left:150px;
}
</style>
</head>
<body>
    <div id="box1">固定定位元素,它将固定在视窗的这个位置,并且不随滚动条而滚动
    </div>
    <div id="box2">被绝对定位元素,它的高度设置要大,以便使页面出现滚动条,拖拽滚
    动条能看到固定定位的效果</div>
</body>
</html>
```

网页效果如图 7-32 所示。

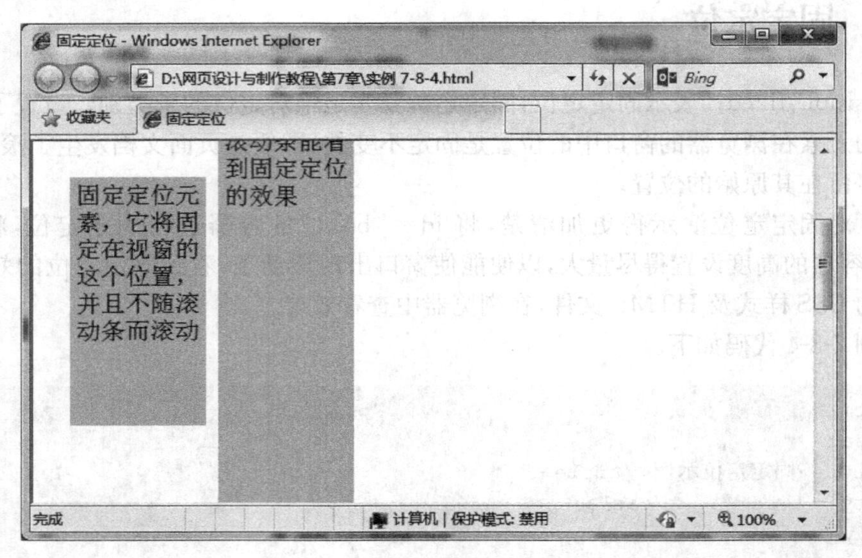

图 7-32　固定定位

7.9　浮动与清除浮动

7.9.1　浮动

利用 CSS 样式布局页面结构时，经常会使用到浮动(float)属性。当某个元素被赋予浮动属性后，该元素便脱离文档流向左或向右移动，直到它的外边缘碰到包含框或者另一个浮动元素的边框为止。

基本语法：

```
float:left|right|none;
```

语法说明：

left——向左浮动，right——向右浮动，none——默认值，没有浮动。

实例 7-9-1 代码如下。

```
<html>
<head>
<title>浮动示例</title>
    <style type="text/css">
body {
    font-size:22px;
}
```

```
#box-1 {
    width:100px;
    height:100px;
    background-color:#f0f;
    margin:10px;

}
#box-2 {
    width:100px;
    height:100px;
    background-color:#f0f;
    margin:10px;
    float:left;
}
#box-3 {
    width:100px;
    height:100px;
    background-color:#f0f;
    margin:10px;
    float:left;
}
#box-4 {
    width:100px;
    height:100px;
    background-color:#f0f;
    margin:10px;
    float:right;
}
</style>
</head>
<body>
    <div>
    <div id="box-1">id=&quot;box-1&quot;</div>
    <div id="box-2">id=&quot;box-2&quot;</div>
    <div id="box-3">id=&quot;box-3&quot;</div>
    <div id="box-4">id=&quot;box-4&quot;</div>
    </div>
</body>
</html>
```

网页效果如图 7-33 所示。

效果说明：box-1 没有浮动是默认效果，按文档流顺序排列，box-2 设置向左浮动，左侧靠近浏览器的边缘，box-3 设置向左浮动，附着在 box-2 的边缘，box-4 设置向右浮动，右侧靠近浏览器的边缘。

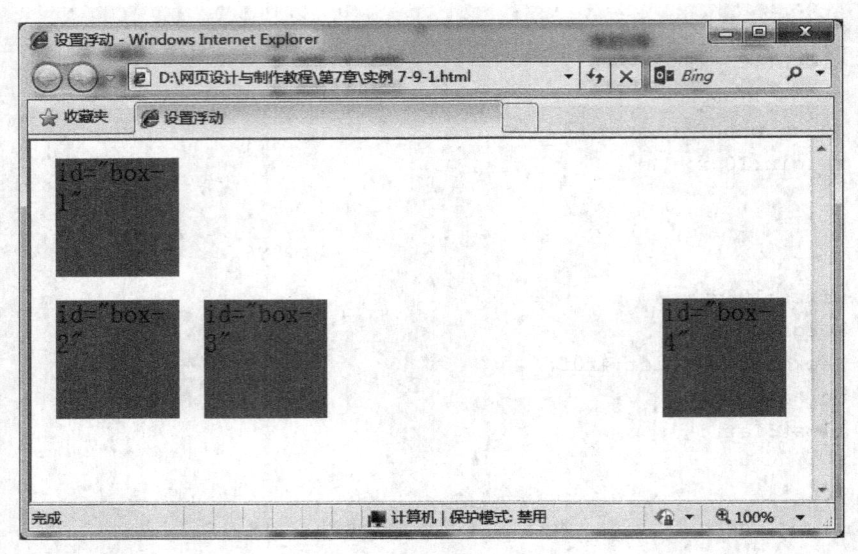

图 7-33　设置浮动

7.9.2　清除浮动

在 CSS 样式中，浮动与清除浮动(clear)是相互对立的，使用清除浮动不仅能够解决页面错位的现象，还可以解决子元素浮动，导致父元素背景无法自适应子元素高度的问题。

基本语法：

```
clear: none | left |right | both
```

语法说明：

none——没有清除浮动，默认属性值。left——清除左侧的浮动。right——清除右侧浮动。both——清除两侧浮动。

实例：设置三个容器 box-1、box-2、box-3，让它们都向左浮动，再添加一个容器 box-4，希望 box-4 显示在 box-1、box-2、box-3 的下方，如图 7-34 所示。

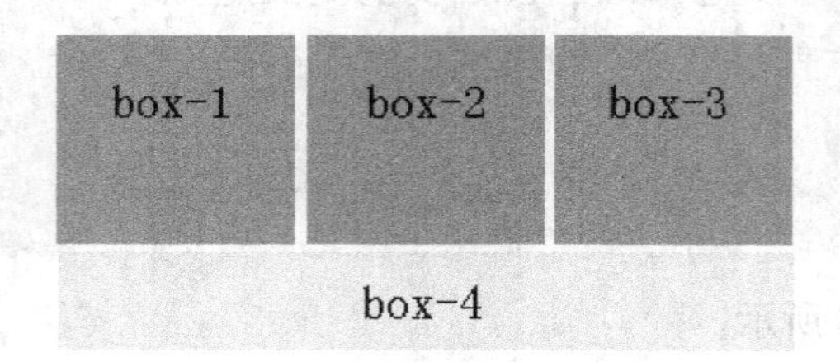

图 7-34　预期效果图

实例 7-9-2 代码如下。

```
<html>
<head>
<meta charset="gb2312">
<title>未清除浮动示例</title>
<style type="text/css">
body {
    font-size:19px;
}

#box-1 {
    width:100px;
    height:100px;
    background-color:#f0f;
    margin:10px;
    float:left;
}
#box-2 {
    width:100px;
    height:100px;
    background-color:#f0f;
    margin:10px;
    float:left;
}
#box-3 {
    width:100px;
    height:100px;
    background-color:#f0f;
    margin:10px;
    float:left;
}
#box-4 {
    width:500px;
    height:50px;
    background-color:#39F;
    margin:10px;

}
</style>
</head>
<body>
    <div>
        <div id="box-1">id=&quot;box-1&quot;</div>
        <div id="box-2">id=&quot;box-2&quot;</div>
```

```
        <div id="box-3">id=&quot;box-3&quot;</div>
        <div id="box-4">id=&quot;box-4&quot;</div>
    </div>
</body>
</html>
```

网页效果如图 7-35 所示。

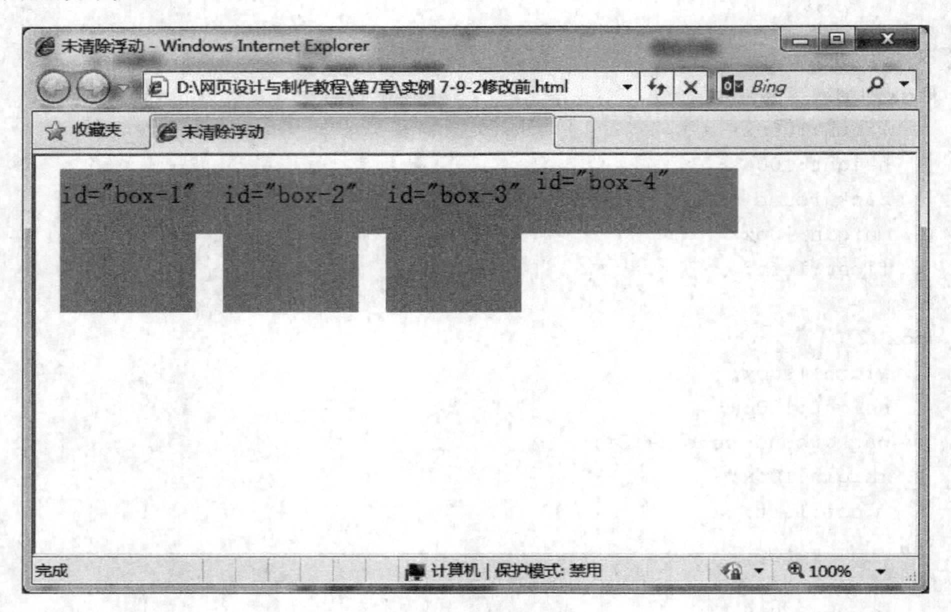

图 7-35　未清除浮动

效果说明：box-1、box-2、box-3 向左浮动后，脱离了原来的文档流，不再占据空间，box-4 没有设置浮动，也没有设置清除属性，因此显示在浏览器的左上方，达不到预期的效果。

实例 7-9-2 修改代码如下。

```
#box-4 {
    width:500px;
    height:50px;
    background-color:#39F;
    margin:10px;
    clear:both;
}
```

说明：在 box-4 样式中加入清除属性，清除两端浮动。

网页效果如图 7-36 所示。

效果说明：box-4 设置属性清除两端浮动，清除浮动后，排在文档下方位置。

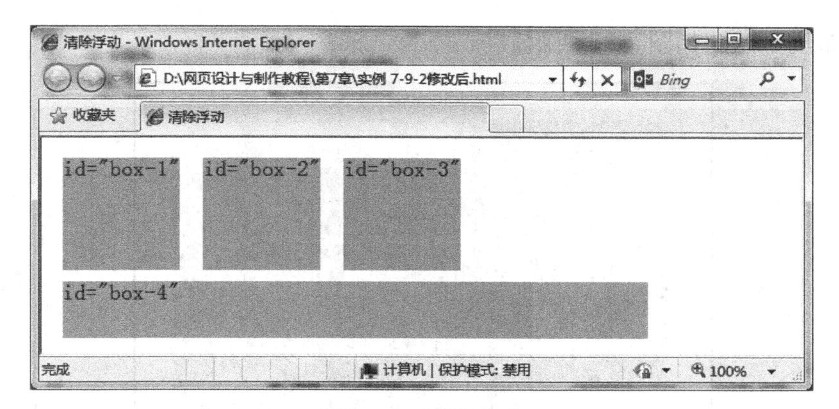

图 7-36　清除浮动

7.10　综合应用实例

制作电影《愤怒的小鸟》介绍页面，效果图如图 7-37 所示。

图 7-37　网页效果图

页面布局示意图如图 7-38 所示。

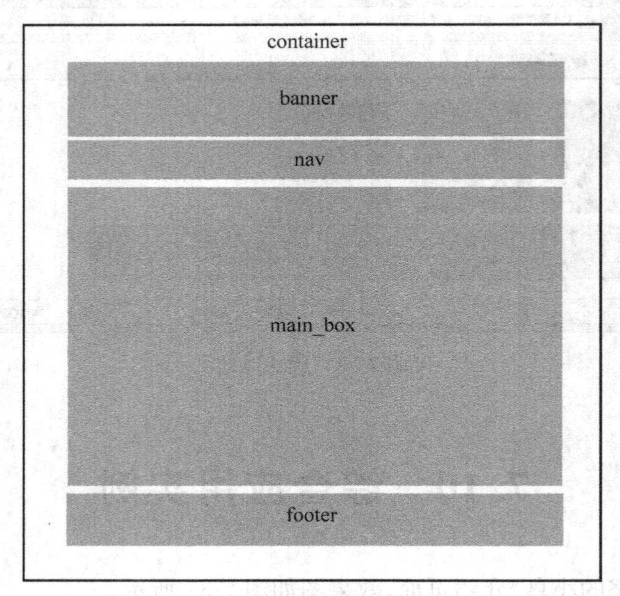

图 7-38　页面布局示意图

7.10.1　前期准备

(1) 栏目目录结构。在栏目文件夹下面创建 images 和 style 文件夹，分别用来存放图片素材和外部样式表文件。

(2) 页面素材。将本页面需要使用的图片素材存放在 images 文件中。

(3) 外部样式表。在 style 文件夹中新建一个名为 css.css 的样式表文件。

7.10.2　制作页面

1. 制作页面的 CSS 样式

打开新建的 css.css 文件，定义页面的 CSS 规则，代码如下：

```
*{margin:0 auto;          /*清除外边距,上下边距为 0,左右自动,网页居中显示*/
  padding:0;}             /*清除内边距*/
body{background-color:#fb7070;}
#container {
    width: 900px;         /*只设置宽度,高度会根据内容自动延伸*/

}
#banner {
    background: url(images/ban.jpg);
```

```
    height: 220px;
    width: 900px;
}
#nav {
    height: 50px;
    background-image:url(images/nav.png);
    width: 900px;
    font-size: 24px;
    font-weight: bolder;
}
#nav ul {
    margin: 0px;
    padding: 0px;
    list-style: none;
}
#nav li {
    float: left;
}
#nav li a {
    text-decoration: none;
    display: block;
    float: left;
    width: 225px;
    line-height: 50px;
    text-align: center;
    vertical-align: middle;
    height: 50px;
}
#nav li a:link,#nav li a:visited{ color:#000;}
                                        /*设置超链接访问前和访问后的颜色*/
#nav li a:hover { color: #FFF; }
#main_box { width: 900px; }
.main_box_1 { width: 900px;
clear:both;                             /*清除两端*/
}
.left {
    float: left;                        /*左边的框向左侧浮动*/
    width: 525px;
}
.right {
    width: 350px;
    height:279px;
    float:right;                        /*右边的框向右浮动*/
```

```
    font-family: "宋体";
    text-align: justify;
    text-justify:distribute-all-lines;
    padding: 15px 0px 0px 10px;
    background-image:url(images/right.png)
}

.left_1 { width: 350px;
          height:279px;
          float:left;
      font-family: "宋体";
      text-align: justify;             /*设置文本两端对齐*/
      text-justify:distribute-all-lines;
      padding: 15px 10px 0px 0px;
          background-image:url(images/left.png)
}
.right_1 {
    float: right;
    width: 525px;
}
.right p,.left_1{
    text-indent:2em;                   /*设置首行缩进*/
    font-size:16px;
    line-height:20px;                  /*设置行高*/
    vertical-align: middle;            /*设置文本水平居中*/
}
#footer {

    width: 900px;
    clear:both;
    padding:20px;
    font-family: "MS Serif", "New York", serif;
    font-size: 24px;
    font-style: normal;
}
```

2. 制作页面

页面的网页结构代码如下：

```
<html>
<head>
<title>css 的实际应用</title>
<meta http-equiv="Content-Type" content="text/html; charset=gb2312">
```

```
<link href="css.css" rel="stylesheet" type="text/css" />
</head>
<body>
<div id="container">
  <div id="banner"></div>
  <div id="nav">
    <ul>
      <li><a href="# movie">影片介绍</a></li>
      <li><a href="# ph">胖红介绍</a></li>
      <li><a href="# zdh">炸弹黑介绍</a></li>
      <li><a href="# fbh">飞镖黄介绍</a></li>
    </ul>
  </div>
  <div id="main_box">
    <div class="main-box_1">
     <div class="left"><img src="images/img_0162.jpg"></div>
     <div class="right">
     <p><a name="movie">《愤怒的小鸟》</a>是由索尼影……此处文字省略</div>
    </div>
    <div class="main_box_1">
     <div class="left_1">
      <p><a name="ph">胖红原型来自北美红</a>雀。……此处文字省略</div>
     <div class="right_1"><img src="images/img_0154.jpg"></div>
    </div>
    <div class="main-box_1">
     <div class="left"><img src="images/img_0164.jpg"/></div>
     <div class="right">
     <p><a name="zdh">炸弹黑原型来自林八哥。</a>
     <p>林八哥是……此处文字省略</div>

    </div>
     <div class="main_box_1">
     <div class="left_1">
       <p><a name="fbh">飞镖黄的原型是乳白啄木鸟哦!</a></p>
       <p>乳白啄木鸟体长……此处文字省略</div>
     <div class="right_1"><img src="images/img_0160.jpg"></div>
    </div>
  </div>
  <div id="footer"><p align="center">Copyrigt&copy;2016  某某 All Rights
Reserved</p></div>
</div>
</body>
</html>
```

第8章 JavaScript 基础知识

在前面的章节中,分别详细介绍了 HTML 代码编写和 CSS 样式的定义方法。用 HTML 和 CSS 样式只能制作静态网页,缺少交互性。JavaScript 语言的出现弥补了 HTML 只能制作静态网页的不足,实现了一种实时、动态的可交互页面功能。

8.1 JavaScript 语言概述

JavaScript 是 Netscape 公司为了实现交互式页面而推出的一种基于对象和事件驱动并具有安全性的脚本语言,它的出现使得网上信息发布拥有了一种实时、动态的可交互表达能力。

8.1.1 JavaScript 语言的特点

下面是 JavaScript 几个基本特点。

(1) JavaScript 是一种脚本编写语言。像其他脚本一样,它是一种解释型语言,嵌入在标准的 HTML 中。

(2) JavaScript 是一种基于对象的语言。它能运用自己已创建的对象。

(3) JavaScript 是一种事件驱动语言。当事件发生时,它可对事件做出响应。

(4) JavaScript 是一种与平台无关的语言。它依赖于浏览器本身,与操作环境无关,只要是能运行浏览器并且浏览器支持 JavaScript,就可正确执行 JavaScript 脚本程序。

(5) JavaScript 是一种安全性的语言。它不允许访问本地磁盘,不能将数据存入到服务器上,不允许对网络文档进行修改和删除,只能通过浏览器实现信息浏览或动态交互,从而具有一定的安全性。

8.1.2 在网页中加入 JavaScript

JavaScript 代码是普通文本格式,可以直接嵌入在 HTML 文档中,也可以从外部调用。编写 JavaScript 代码就像编写文本文件一样方便。

下面是嵌入在 HTML 文档 JavaScript 语言的基本结构:

```
<html>
    <head>
        <title>关于 JavaScript </title>
        <script type="text/JavaScript">
        …
        </script>
    </head>
    <body>
        …
    </body>
</html>
```

下面是调用 JavaScript 外部文件(后缀名为 js)的基本结构：

```
<html>
    <head>
        <title>关于 JavaScript</title>
    <script type="text/JavaScript" src="abc.js">
    </script>
    </head>
    <body>
    …
    </body>
</html>
```

需要说明的是：

- 标识符<script>和</script>表明，位于它们之间的代码是脚本语言代码。
- JavaScript 脚本代码是可放在 HTML 文档任何需要的位置。一般来说，可以放在<head>与</head>标签对、<body>与</body>标签对之间。为了结构明晰、便于管理，通常把不直接对文档正文产生影响的脚本代码放在文档头中，这成了一个约定俗成的规则。如果需要在页面载入时运行 JavaScript 脚本生成网页内容，应将脚本代码放置在<body>与</body>标签对之间。JavaScript 脚本的代码位置是有讲究的，如果是函数则无所谓。
- 脚本语言 JavaScript 对变量名区分大小写，比如 Number 和 number 是两个不同的变量。

8.1.3 JavaScript 常用元素

JavaScript 作为一种脚本语言，有自己常用的元素，如常量、变量、运算符、函数、对象、事件等，具体定义如表 8-1 所示。

表 8-1　**JavaScript 常用元素及定义**

常用元素	定　义
常量	在程序运行过程中它的值是不允许改变的量
变量	在程序运行过程中它的值是允许改变的量，变量是用于存储信息的容器，可以给变量起一个简短名称
运算符	运算符用于执行程序代码运算
函数	通常在进行一个复杂的程序设计时，总是根据所有完成的功能，将程序划分为一些相对独立的部分，每部分编写一个函数。从而使各部分充分独立，任务单一，程序清晰，易懂、易读、易维护
对象	JavaScript 语言是基于对象的(object-based)，而不是面向对象的(object-oriented)，因为它没有提供抽象、继承、重载等有关面向对象语言的许多功能
事件	JavaScript 是一种基于对象的编程语言，而基于对象的基本特征就是采用事件的驱动(event-driven)，例如，鼠标事件引发的一连串动作等

8.1.4　简单的脚本程序

下面用记事本编写一个简单的脚本程序。

基本语法：

```
<script type="text/JavaScript">
…
</script>
```

语法说明：

在 HTML 中嵌入 JavaScript 时，需要使用<script language="JavaScript"></script>标签。其中省略号部分可以嵌入更多的 JavaScript 语句。

实例 8-1-4 代码如下。

```
<html>
  <head>
    <title>关于 JavaScript </title>
      <script type="text/JavaScript">
      function welcome()
      {
        alert("欢迎学习 JavaScript 知识!");
        alert("这是第一个 JavaScript 例子!");
      }
      </script>
  </head>
  <body onLoad="welcome()">
  </body>
</html>
```

在实例 8-1-4 中，当网页被打开时，将自动弹出一个对话框，效果如图 8-1 所示。

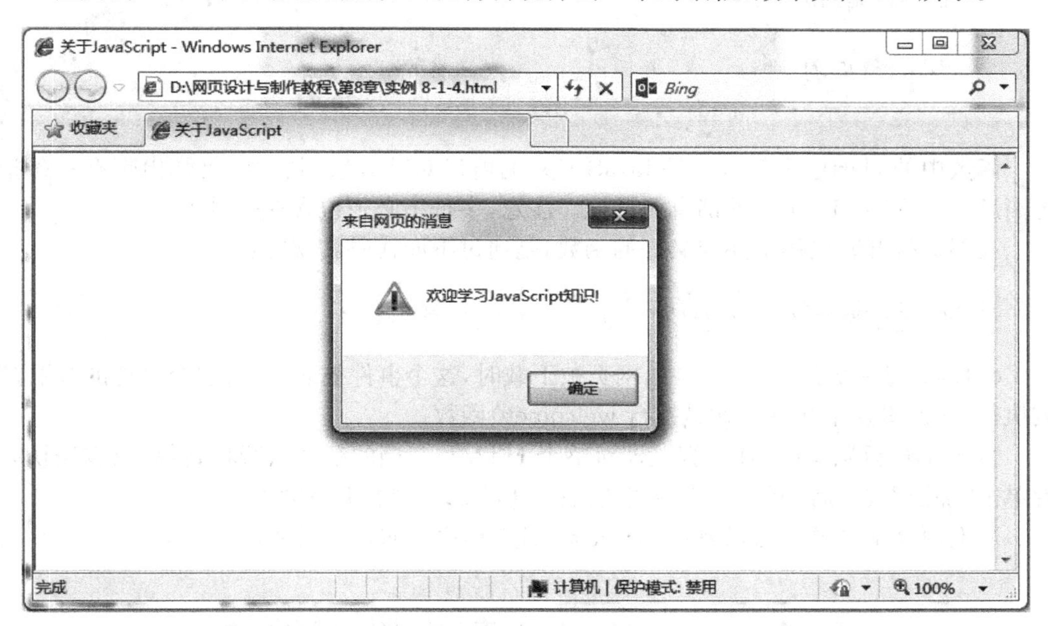

图 8-1　JavaScript 实例效果一

当单击对话框中的“确定”按钮时，该对话框会关闭，同时弹出另一个对话框，效果如图 8-2 所示。

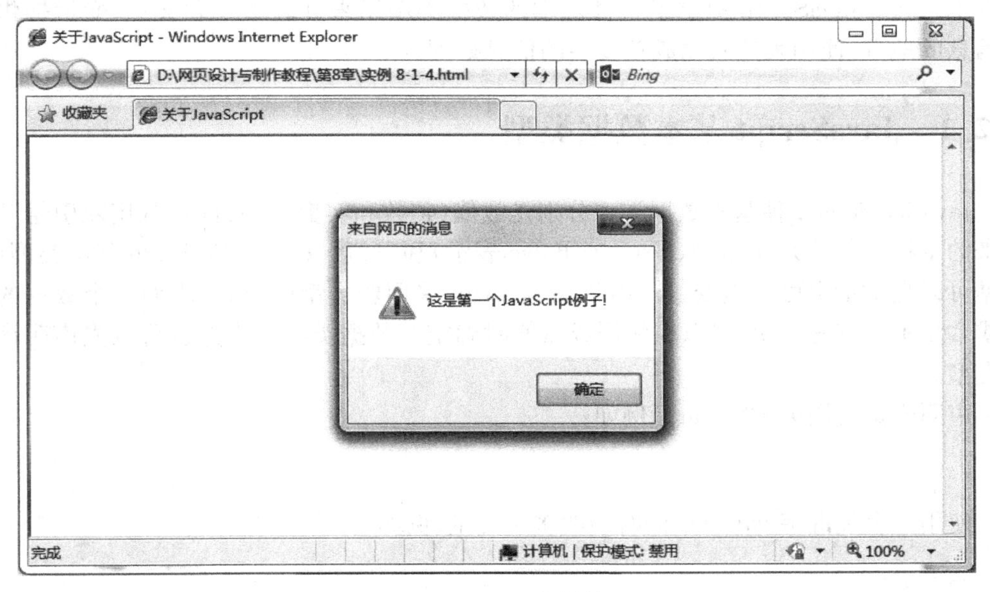

图 8-2　JavaScript 实例效果二

单击第二个对话框中的“确定”按钮时，该对话框会关闭。

在上面这段代码中，首先定义了一个函数：

```
function welcome()
{
    alert("字符串");
}
```

函数中的alert("字符串")是JavaScript的窗口对象方法,其功能是弹出带有一条指定消息和一个"确定"按钮的消息对话框。注意,字符串必须包含在引号内。

在网页打开时调用上述定义好的函数,是通过下面代码实现的:

```
<body onLoad="welcome()">
```

onLoad是网页的一个"事件",网页被下载时,这个事件被激发,对这个事件的"响应"被执行,在这里这个"响应"就是执行welcome()函数。

当alert()函数被执行时,浏览器对整个HTML文档的解释执行将暂停,只有当访问者单击"确定"按钮后,浏览器才会继续执行HTML文档的后续部分。

从上面这个例子看出,编写一个JavaScript程序是非常容易的。

8.2 JavaScript基本数据结构

JavaScript脚本语言同其他语言一样,有自己的数据类型、表达式和运算符以及程序的基本结构。JavaScript提供了4种基本的数据类型用来处理数字和文字,变量提供存放信息的地方,使用表达式完成较复杂的信息处理。

8.2.1 JavaScript基本数据类型

JavaScript的4种基本数据类型分别是数值(整数和实数)、字符串型(用双引号""括起来的字符或数值)、布尔型(True或False表示)和空值。在JavaScript的基本类型中,数据可以是常量也可以是变量。由于JavaScript采用弱类型的形式,因而一个数据的变量或常量不必首先声明,可以在使用或赋值时确定其数据类型。当然也可以先声明该数据类型。

声明变量使用关键字var。例如:

```
var a:
```

使用一个关键字var可以同时声明多个变量;例如:

```
var a,b
```

同时,变量可以在定义时进行初始化赋值。例如:

```
var a=10
var b="Hello world"
```

JavaScript 与其他编程语言一样，变量命名也必须符合以下的变量命名规则：

（1）变量名只能由字母、数字和下画线组成，并且第一个字符必须是字母或下画线。可以给变量起一个简短名称，比如 x，或者更有描述性的名称，比如 name。JavaScript 变量用于保存值或表达式，比如，name＝"张明"，z＝x＋y。

（2）JavaScript 变量对大小写敏感（y 和 Y 是两个不同的变量）。

（3）不能使用关键字作为变量名。

8.2.2 JavaScript 表达式和运算符

1. 表达式

定义变量后，就可以对它们进行赋值、改变、计算等一系列操作，这一过程通常通过表达式来完成。可以说表达式是变量、常量、布尔及运算符的集合。表达式可以分为算术表达式、字符串表达式、赋值表达式以及布尔表达式等。

表达式的结构如下：

```
x+y
2*3.1415926*r
I like+ "JavaScript"
```

2. 运算符

JavaScript 的运算符分为：算术运算符、比较运算符、逻辑运算符等。

算术运算符说明如表 8-2 所示。

表 8-2 算术运算符

算术运算符	说　明	算术运算符	说　明
＋	加	%	求余
－	减	＋＋	自加
*	乘	－－	自减
/	除		

比较运算符说明如表 8-3 所示。

表 8-3 比较运算符

比较运算符	说　明	比较运算符	说　明
＞	大于	＞＝	大于等于
＜	小于	＜＝	小于等于
＝＝	等于	!＝	不等于

逻辑运算符说明如表 8-4 所示。

表 8-4　逻辑运算符

逻辑运算符	说　明
&&	逻辑与，只有相与的两个值都为真时，返回的结果为真
||	逻辑或，只要相或的两个值有一个为真时，返回的结果为真
!	逻辑非，如：!A，A 为真，则结果为假；A 为假，则结果为真

8.3　JavaScript 控制语句

JavaScript 脚本语言提供了两种程序控制结构：一种是条件结构，一种是循环结构。下面主要介绍这两种结构的语句。

8.3.1　if 语句

基本语法：

```
if 条件
{
…
}
```

或者

```
if 条件
{
…
}
else 条件
{
…
}
```

语法说明：

if 语句后面的条件可以是表达式也可以是一个其他值，但条件返回的结果的数据类型只能是布尔型，要么为真，要么为假。

实例 8-3-1 代码如下。

```
<html>
    <head>
        <title>演示 if…else 语句</title>
    </head>
```

```
<body>
    <script type="text/JavaScript">
      var d=new Date()
      var time=d.getHours()
      if (time <10)
      {
          document.write("早安!")
      }
      else
      {
          document.write("祝您愉快!")
      }
    </script>
    </body>
</html>
```

网页效果如图 8-3 所示。

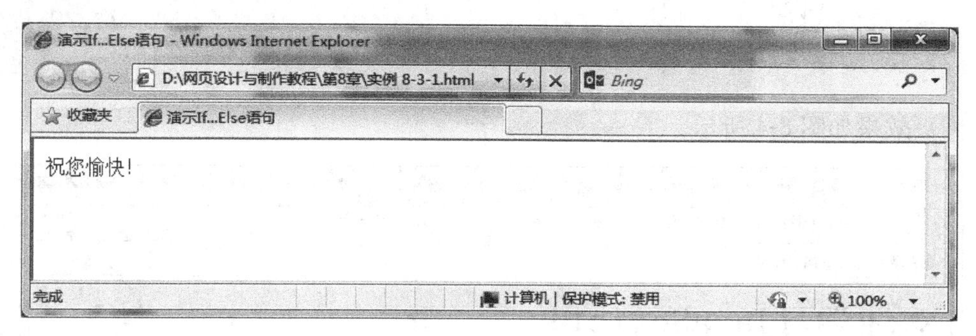

图 8-3　if…else 语句的使用

效果说明：如果浏览器时间小于 10，会显示“早安”，否则会显示“祝您愉快!”。程序中的 Date 对象是用于处理日期和时间，可以通过 new 关键词来定义 Date 对象；getHours()方法可返回时间的小时数字；document. write()是动态向页面写入内容，document 是文档对象，对象和方法概念将在 8. 5 节介绍。

8. 3. 2　for 语句

基本语法：

```
for (初始化值;条件表达式;增量)
{
…
}
```

语法说明：

for 后面的参数一个都不能省略，同时初始化值、条件表达式、增量三者之间必须使用分号(;)隔开。只有当 for 语句中的条件表达式的值为真时，才执行后面的程序部分，否则不执行。

实例 8-3-2 代码如下。

```
<html>
    <head>
        <title>演示 For 循环语句</title>
    </head>
    <body>
        <script type="text/JavaScript">
            var i=1
            for (i=1;i<=6;i++)
            {
                document.write("<h",i,">欢迎学习 JavaScript!</h",i,">")
            }
        </script>
    </body>
</html>
```

网页效果如图 8-4 所示。

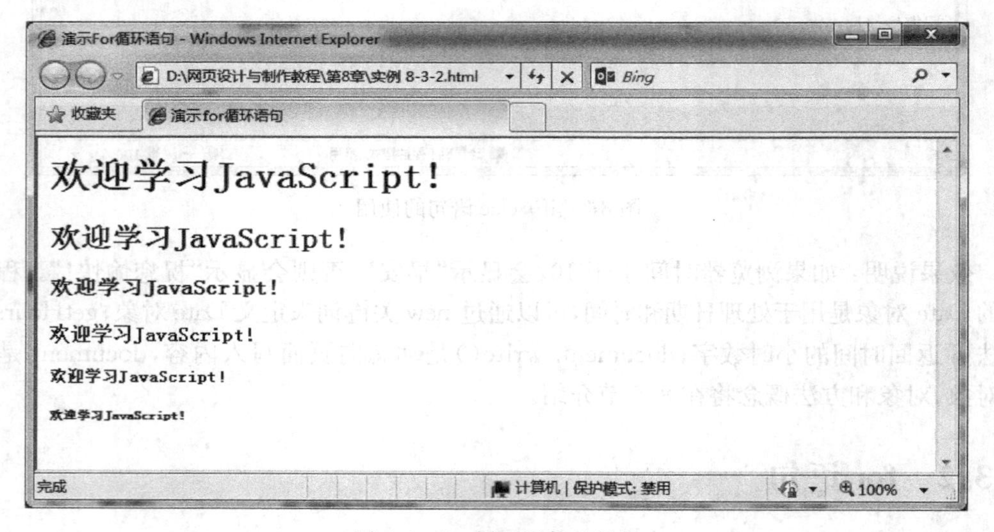

图 8-4　for 循环语句的使用

8.3.3　switch 语句

基本语法：

```
switch(n)
```

```
{
case 1:
执行代码块 1
case 2:
执行代码块 2
…
default:语句…
}
```

语法说明：

使用 switch 语句时，必须赋初始条件，程序将根据给出的初始条件，在 switch 语句中进行判断，如果 case 条件符合初始条件，则执行该 case 后面的语句，否则向下继续判断，继续执行。

实例 8-3-3 代码如下。

```
<html>
    <head>
        <title>演示 Switch 语句</title>
    </head>
    <body>
    <script type="text/JavaScript">
      var day=new Date().getDay();
      switch (day)
      {
        case 0:
        document.write("今天是星期日");
        break;
        case 1:
        document.write("今天是星期一");
        break;
        case 2:
        document.write("今天是星期二");
        break;
        case 3:
        document.write("今天是星期三");
        break;
        case 4:
        document.write("今天是星期四");
        break;
        case 5:
        document.write("今天是星期五");
        break;
        case 6:
```

```
        document.write("今天是星期六");
        break;
      }
    </script>
      <p>本例演示 switch 语句。
    </body>
</html>
```

网页效果如图 8-5 所示。

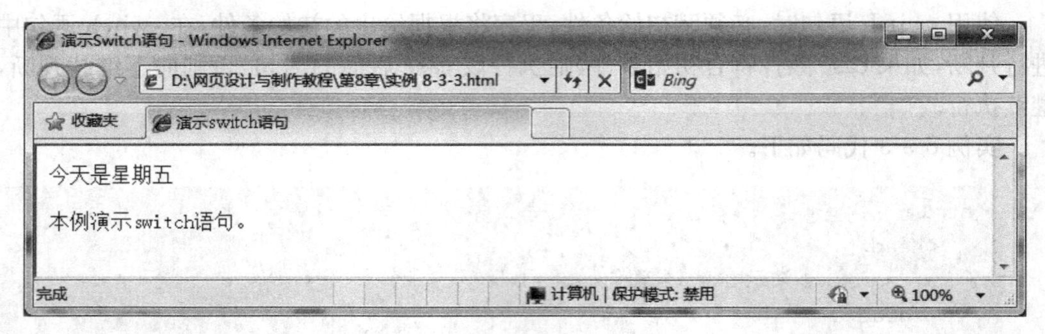

图 8-5　switch 语句的使用

效果说明：此程序模块是 switch 的分支选择结构语句，通过比较 day 与 case 后面的值，来判断是否执行后面的语句；使用 break 语句使得程序的执行从 switch 分支选择结构中跳出；getDay()方法可返回表示星期的某一天的数字。

8.3.4　while 与 do…while 语句

while 语法：

```
while()
{
程序段
…
}
```

do...while 语法：

```
do
{
程序段
…
}
while()
```

语法说明：

while 与 do…while 都是用于循环结构的，但两者的明显区别是：前者必须在满足条件的情况下才执行该条件下的程序段，后者是不管条件是否满足 while 语句后面的条件，都至少会执行一次。

实例 8-3-4-1 代码如下。

```
<html>
    <head>
    <title>演示 While 语句</title>
    </head>
    <body>
      <script type="text/JavaScript">
        var i=1
        while (i<=6)
        {
            document.write("<h",i,">欢迎学习 JavaScript! </h",i,">")
            i+ +
        }
      </script>
        <p>本例演示 while 语句。
    </body>
</html>
```

网页效果如图 8-6 所示。

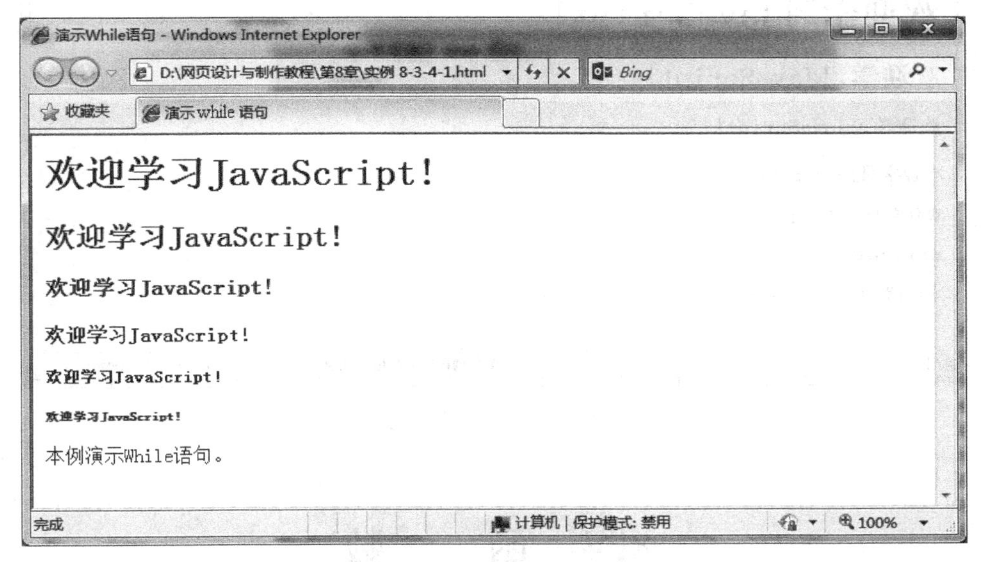

图 8-6　while 语句的使用

实例 8-3-4-2 代码如下。

```
<html>
    <head>
    <title>演示 Do…While 语句</title>
    </head>
    <body>
      <script type="text/JavaScript">
        var i=1
        do
        {
            document.write("<h",i,">欢迎学习 JavaScript! </h",i,">")
            i++
        }
        while (i<=6)
    </script>
        <p>本例演示 Do…While 语句。
    </body>
</html>
```

网页效果如图 8-7 所示。

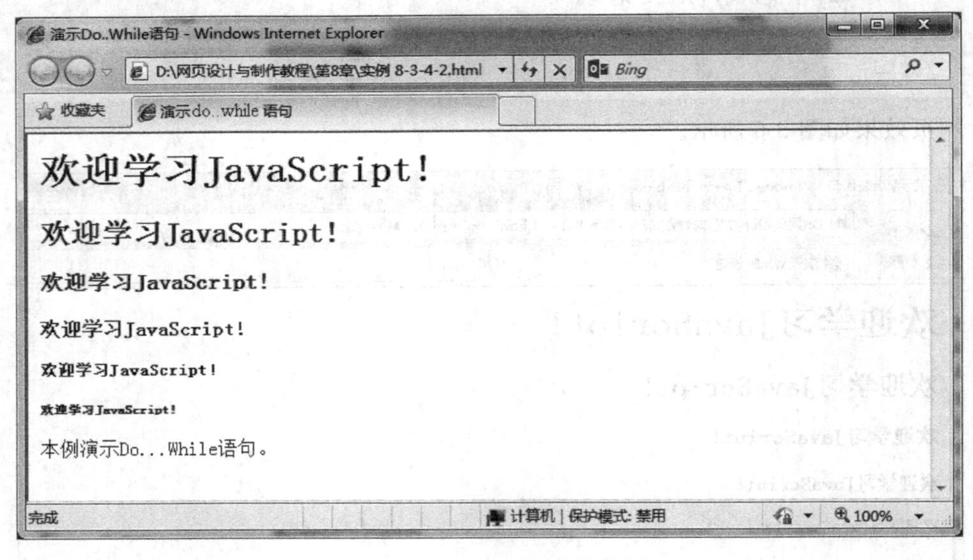

图 8-7　do…while 语句的使用

8.4　函　　数

通常在进行一个复杂的程序设计时，根据要完成的功能，将程序划分为一些相对独立的部分，每部分编写一个函数，从而使各部分独立，任务单一，程序清晰，易读、易懂、易维护。将脚本编写为函数，就可以避免页面载入时执行该脚本。函数包含着一些代码，这些代码只能被事件激活，或者在函数被调用时才会执行。函数中的代码块可能会被重复使用到。

8.4.1 有参函数调用

使用函数时，首先需要定义函数，在 JavaScript 中使用 function 来定义函数。

基本语法：

```
function 函数名(形参列表)
{
    函数体;
    (若有返回值    return  返回值;)
}
```

函数调用：

```
函数名(实参列表)
存放返回值的变量=函数名(实参列表)
```

语法说明：

函数名对大小写敏感。function 这个词必须是小写的。

实例 8-4-1 代码如下。

```
<html>
    <head>
    <title>有参函数调用</title>
    <script type="text/JavaScript">
      function myFunction(course)
      {
         alert("欢迎学习"+ course);
      }
    </script>
    </head>
    <body onLoad=myFunction("JavaScript")>
    <p>本例演示有参函数调用。
    </body>
</html>
```

网页效果如图 8-8 所示。

效果说明：myFunction(course)有参函数通过 onLoad 装载事件调用。

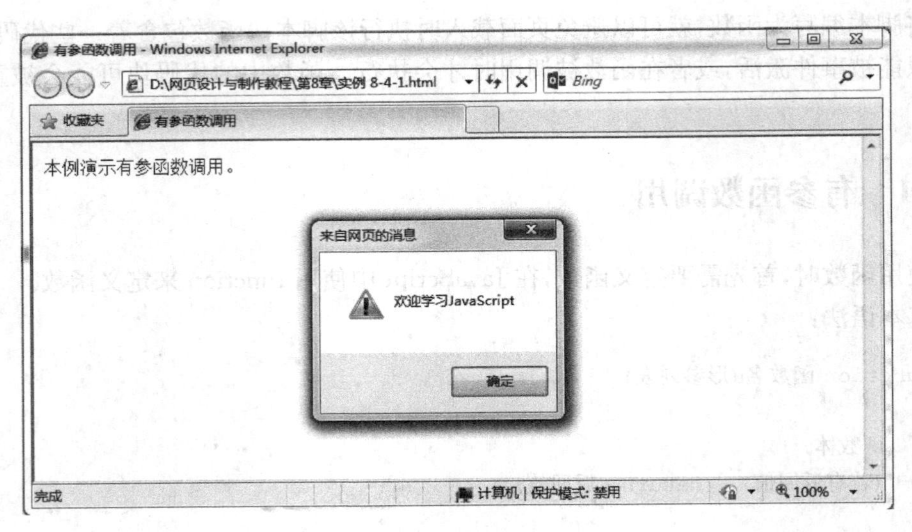

图 8-8　有参函数调用

8.4.2　无参函数调用

在 JavaScript 中，还可以通过调用一些无参函数来实现一些功能。函数名后面的括号中无参数，称该函数为无参函数。

基本语法：

```
function　函数名()
```

实例 8-4-2 代码如下。

```
<html>
<head>
    <title>无参函数调用</title>
    <script type="text/JavaScript">
      function myFunction()
      {
          alert("欢迎学习 JavaScript");
      }
    </script>
</head>
<body onLoad="myFunction()">
    <p>本例演示无参函数调用。
</body>
</html>
```

网页效果如图 8-9 所示。

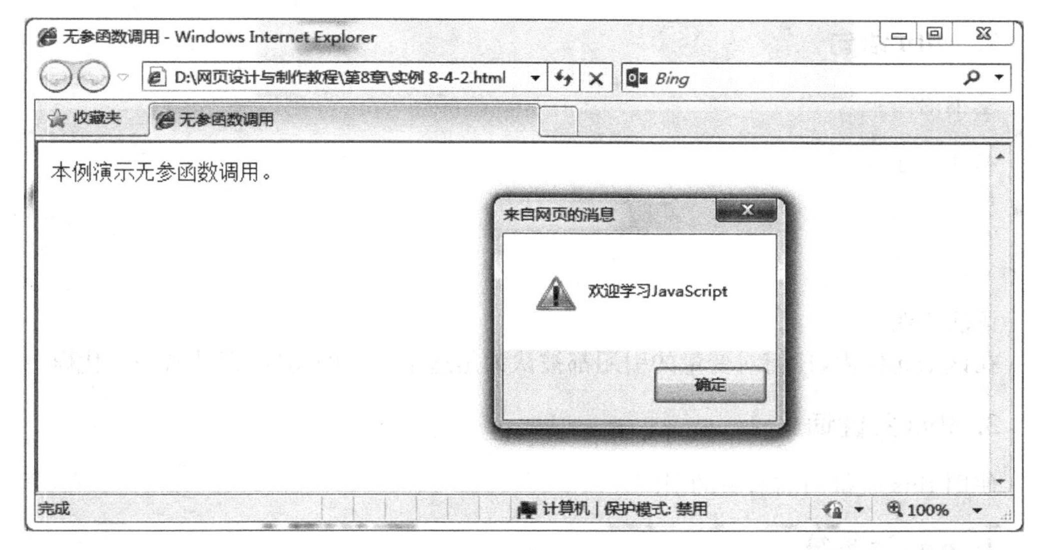

图 8-9　无参函数调用

效果说明：myFunction()无参函数通过 onLoad 装载事件调用。

8.5　对象的基本知识

JavaScript 语言是基于对象的，但它还是具有一些面向对象的基本特征。它可以根据需要创建自己的对象，从而进一步扩大 JavaScript 的应用范围，编写功能强大的 Web 文件。

JavaScript 的对象是由属性(property)和方法(method)两个基本的元素构成的。属性指与对象有关的值；方法指对象可以执行的行为(或者可以完成的功能)。

一个对象在被引用之前必须存在，要么创建新的对象，要么利用现存的对象，否则引用将毫无意义，会导致错误出现。

8.5.1　用于操作对象的语句、关键词及运算符

1. for…in 语句

基本语法：

```
for (对象属性名 in 已知对象名)
```

语法说明：

用于对已知对象的所有属性进行操作的控制循环。它是将一个已知对象的所有属性反复置给一个变量，而不是用计数器来实现的，因此无须知道对象中的属性的个数。

2. with 语句

基本语法：

```
with object
{
...
}
```

语法说明：

在该语句体内，任何对变量的引用都被认为是这个对象的属性，以节省一些代码。

3. this 关键词

使用 this 获得当前对象的引用。

4. new 运算符

new 是 JavaScript 中的创建对象运算符，可以创建一个新的对象。

基本语法：

```
newobject=new object(parameters table)
```

语法说明：

newobject 是创建的新对象，object 是已经存在的对象，parameters table 是参数表。

例如，创建一个日期新对象：

```
myData=new date()
```

8.5.2 对象属性的引用

1. 使用点(.)运算符引用

基本语法：

```
ObjectName.Property
```

例如：

```
c1.checked=true
```

其中 c1 是一个已经存在的复选框对象，checked 是它的一个"选中"属性，通过操作对它进行赋值，表示此复选框被选中。

2. 通过对象的数组形式实现引用

通过对象的数组形式访问属性，可以使用循环操作获取其值。

基本语法：

```
object[i]
```

语法说明：

object 是一个已经存在的对象，i 是数组下标。

实例 8-5-2-1 代码如下。

```
<html>
    <head>
        <title>通过对象的数组形式实现引用</title>
    </head>
    <body>
        <script type="text/javascript">
            var object=new Array()
            object[0]="1"
            object[1]="2"
            object[2]="3"
            for (i=0;i<object.length;i++)
            {
            document.write(object[i]+ "<br>")
            }
        </script>
    </body>
</html>
```

网页效果如图 8-10 所示。

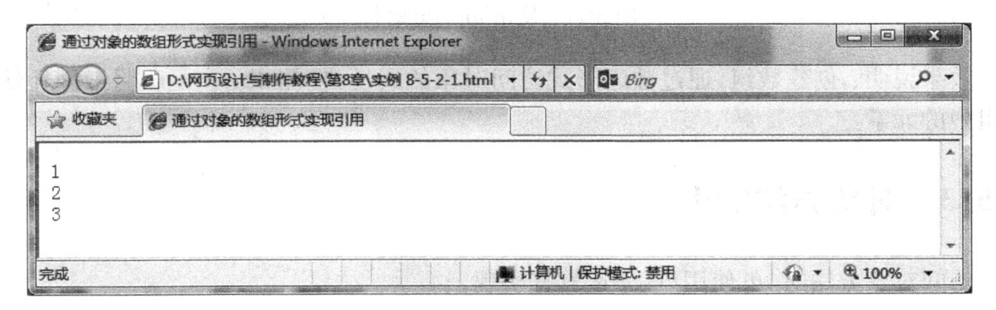

图 8-10　通过对象的数组形式实现引用

效果说明：创建数组，通过数组形式访问对象的属性，可以使用循环操作获取其值。若采用 for…in 语句，则不需要知道属性的个数就可以实现循环访问。

实例 8-5-2-2 代码如下。

```
<html>
    <head>
    <title>使用 for…in 语句</title>
```

```
    </head>
    <body>
    <script type="text/javascript">
      var x
      var object=new Array()
      object[0]="1"
      object[1]="2"
      object[2]="3"
      for (x in object)
      {
          document.write(object[x]+"<br>")
      }
      </script>
      </body>
</html>
```

网页效果如图 8-11 所示。

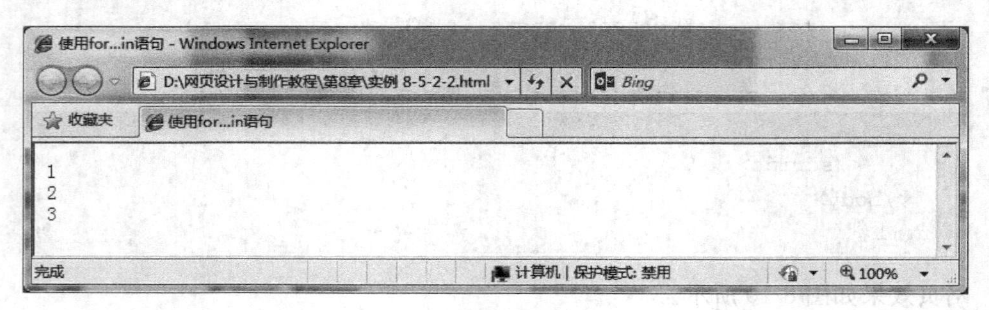

图 8-11　使用 for…in 语句

效果说明：创建数组，通过数组形式访问对象的属性，使用 for…in 声明来循环输出数组中的元素。

8.5.3　对象方法的引用

访问对象方法时，可使用点(.)运算符实现。

基本语法：

```
objectName.method
```

实例 8-5-3 代码如下。

```
<html>
<head>
    <title>对象方法的引用</title>
</head>
```

```
<body>
    <script type="text/JavaScript">
      var str="hello world!"
      document.write(str.toUpperCase())
    </script>
  </body>
</html>
```

网页效果如图 8-12 所示。

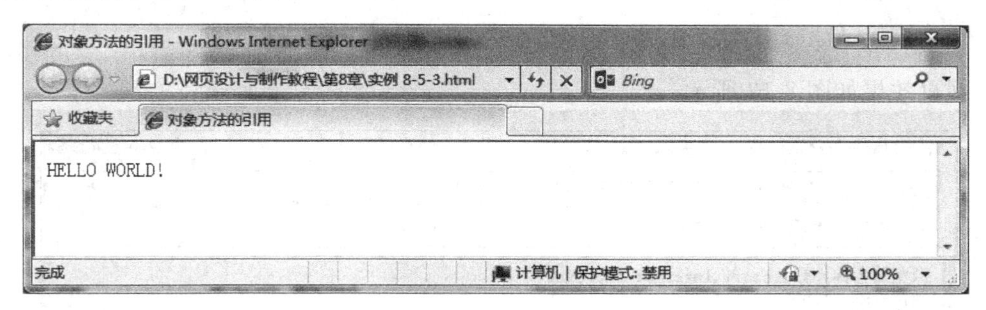

图 8-12　对象方法的引用

效果说明：对象 str 的 UpperCase()方法，可以将字符串转换为大写。

8.5.4　浏览器内部对象

浏览器内部对象系统，可以与 HTML 文档实现交互作用，它将相关的元素进行封装，从而提高了开发人员设计 Web 页面的能力。浏览器提供的内部对象很多，这里重点介绍 Navigator 对象、Window 对象、Document 对象、History 对象。

1. Navigator 对象

Navigator 对象管理着浏览器的基本信息，例如，版本号、操作系统等一些版本信息。Navigator 对象也包括了一些常用的属性，具体属性说明如表 8-5 所示。

表 8-5　Navigator 对象属性说明

属　性	说　明	属　性	说　明
appName	显示浏览器名称	onLine	浏览器是否在线
appVersion	浏览器版本号	JavaEnabled()	是否启用 Java
platform	客户端操作系统		

实例 8-5-4-1 代码如下。

```
<html>
  <head>
```

```
    <title>关于 Navigator 对象</title>
    </head>
    <body>
    浏览器名称: <script>document.write(Navigator.appName) </script><br>
    操作系统: <script>document.write(Navigator.platform) </script><br>
    在线情况: <script>document.write(Navigator.onLine) </script><br>
    是否 Java 启用: <script>document.write(Navigator.javaEnabled())
    </script><br>
    </body>
</html>
```

网页效果如图 8-13 所示。

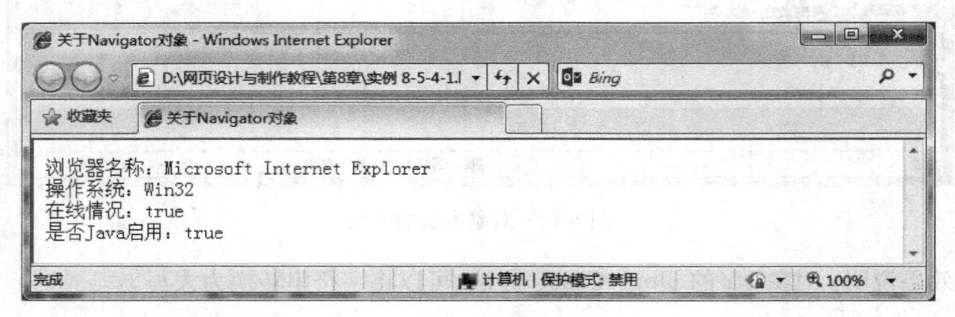

图 8-13　关于 Navigator 对象

2. Location 对象

Location 对象是浏览器内置的一个静态的对象，它显示的是一个窗口对象所打开的地址。使用 Location 对象要考虑权限问题，不同协议或者不同的主机不能互相引用彼此的 Location 对象。具体属性说明如表 8-6 所示，方法如表 8-7 所示。

表 8-6　Location 对象属性说明

属　性	说　　明	属　性	说　　明
hostname	返回地址主机名	pathname	返回当前页面的路径和文件名
port	返回地址端口号	protocol	返回所使用的 Web 协议（http://或 https://）
host	返回主机名和端口号	href	返回当前页面的 URL(页面跳转)

表 8-7　Location 对象方法说明

属　性	说　　明
assign()	加载新的文档
reload()	重新加载当前文档
replace()	用新的文档替换当前文档

这里介绍如何使用 location. href 属性，在 JavaScript 中进行页面的跳转(重定向)。实例 8-5-4-2 代码如下。

```
<html>
    <head>
    <title>关于 Location 对象</title>
    </head>
    <body>
    <script type="text/JavaScript">
Document.write(Location.href("http://www.tup.tsinghua.edu.cn"));
    </script>
    </body>
</html>
```

网页效果如图 8-14 所示。

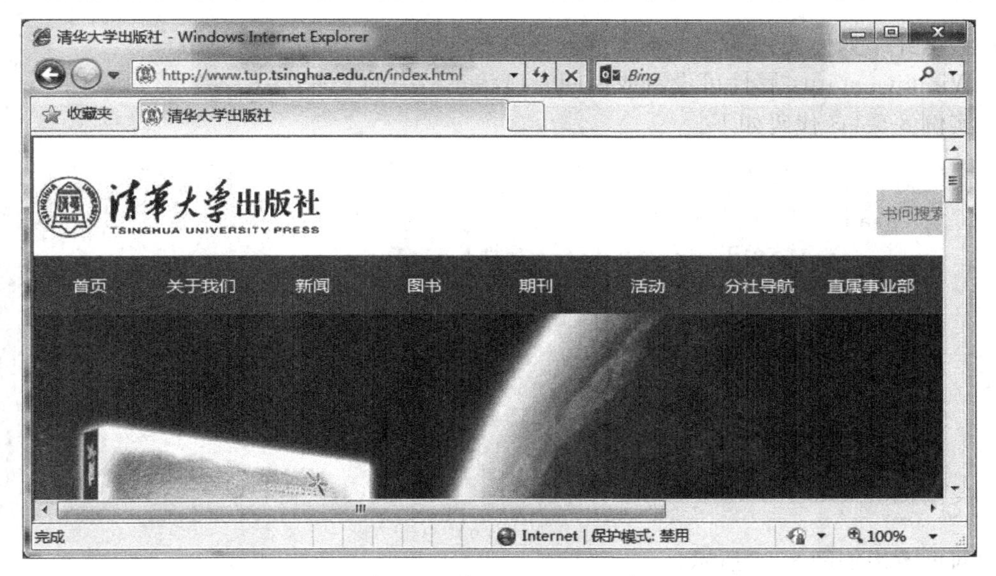

图 8-14　关于 Location 对象

效果说明：通过 Location 对象的 href 属性，从当前页面跳转到指定页面。

注意：关于 Location 对象程序代码的显示，建议安装 Web 服务器软件 IIS(Internet Information Server，Internet 信息服务)。

3. Window 对象

Window 对象是一个优先级很高的对象，Window 对象包含了丰富的属性和方法。利用 Window 对象的属性和方法可以对浏览器窗口进行控制，具体属性说明如表 8-8 所示，方法如表 8-9 所示。

表 8-8　Window 对象属性说明

属　性	说　明	属　性	说　明
self	当前窗口	top	顶部窗口
parent	主窗口	status	浏览器状态栏

表 8-9　Window 对象方法说明

方　法	说　明
close()	关闭
alert()	消息框
confirm()	确认框
prompt()	提示框
setTimeout()	在指定的毫秒数后调用函数或计算表达式

这里介绍如何使用 Window. status 属性和 setTimeout 方法的使用。

Window. status 属性可设置或返回窗口状态栏中的文本。

实例 8-5-4-3 代码如下。

```
<html>
    <head>
        <title>关于 Window.status 属性</title>
    </head>
    <body>
        <script type="text/JavaScript">
        Window.status="欢迎光临"
        </script>
    </body>
</html>
```

网页效果如图 8-15 所示。

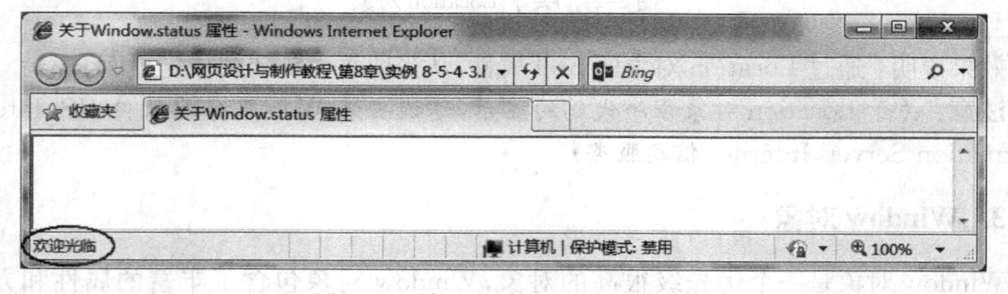

图 8-15　关于 Window. status 属性

效果说明：在浏览器窗口的底部状态栏上，显示“欢迎光临”。

Window. setTimeout 方法从载入后，每隔指定的时间就调用函数或执行一次表达式。

实例 8-5-4-4 代码如下。

```
<html>
    <head>
        <title>关于 Window.setTimeout 方法</title>
    </head>
    <body>
            <p>点击按钮,在等待 3 秒后弹出 "您好!"。
            <button onclick="myFunction()">点这</button>
            <script type="text/JavaScript">
            function myFunction(){
            setTimeout(function(){alert("您好!")},3000);
            }
        </script>
    </body>
</html>
```

网页效果如图 8-16 所示。

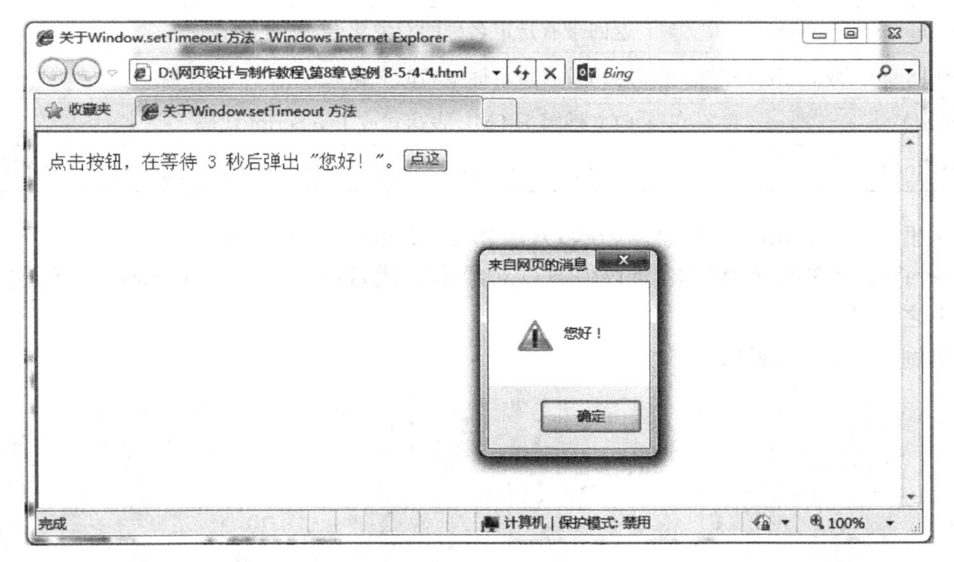

图 8-16　关于 Window. setTimeout 属性

4. Document 对象

每个载入浏览器的 HTML 文档都会成为 Document 对象,Document 对象可以从脚本中对 HTML 页面中的所有元素进行访问。Document 对象也是 Window 对象的一部分,可通过 window. document 属性对其进行访问。

Document 对象属性说明如表 8-10 所示,Document 对象常用的方法说明如表 8-11

所示。

表 8-10　Document 对象属性说明

属　性	说　明
body	提供对<body>元素的直接访问。对于定义了框架集的文档，该属性引用最外层的<frameset>
cookie	设置或返回与当前文档有关的所有 cookie
domain	返回当前文档的域名
lastModified	返回文档被最后修改的日期和时间
referrer	返回载入当前文档的 URL
title	返回当前文档的标题
URL	URL

表 8-11　Document 对象方法说明

方　法	说　明
getElementById()	返回对拥有指定 id 的第一个对象的引用
getElementsByName()	返回带有指定名称的对象集合
getElementsByTagName()	返回带有指定标签名的对象集合
write()	向文档写 HTML 表达式或 JavaScript 代码
writeln()	等同于 write()方法，不同的是在每个表达式之后写一个换行符

这里介绍 Document 对象 write()方法和 getElementById()方法。

JavaScript 的输入和输出都必须通过对象来完成，Document 是 JavaScript 的输出对象其中之一。

实例 8-5-4-5 代码如下。

```
<html>
    <head>
    <title>关于 Document 对象</title>
    </head>
    <body>
    字符串中字符个数:
        <script type="text/JavaScript">
        var txt="欢迎光临我的网站"
        Document.write(txt.length)
        </script>
    </body>
</html>
```

网页效果如图 8-17 所示。

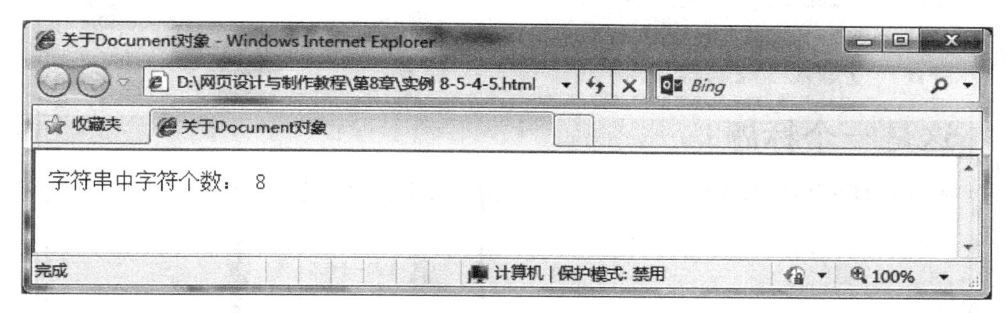

图 8-17 关于 Document 对象

效果说明：通过 Document 的 write()方法输出字符串"欢迎光临我的网站"的字符个数。

如果需要查找文档中的一个特定的元素，最有效的方法是 document.getElementById()，它返回对拥有指定 id 的第一个对象的引用。在操作文档的一个特定的元素时，最好给该元素一个 id 属性，为它指定一个(在文档中)唯一的名称，然后就可以用该 id 查找想要的元素。

实例 8-5-4-6 代码如下。

```
<html>
    <head>
    <title>关于 Document.getElementById()</title>
    <script type="text/javascript">
    function getValue()
      {
        var x=Document.getElementById("myHeader")
        alert(x.innerHTML)
      }
    </script>
    </head>
    <body>
    <h1 id="myHeader" onclick="getValue()">这是一个标题! </h1>
    <p>单击上方标题会弹出标题内容信息框
    </body>
</html>
```

网页效果如图 8-18 所示。

效果说明：alert(x.innerHTML)方法中的 innerHTML 属性是一个字符串，用来获取对象起始和结束标签内的 HTML 内容。几乎所有的元素都有 innerHTML 属性。通过 Document 的 Document.getElementById()方法将页面中的标题"这是一个标题!"在消息框中显示出来。

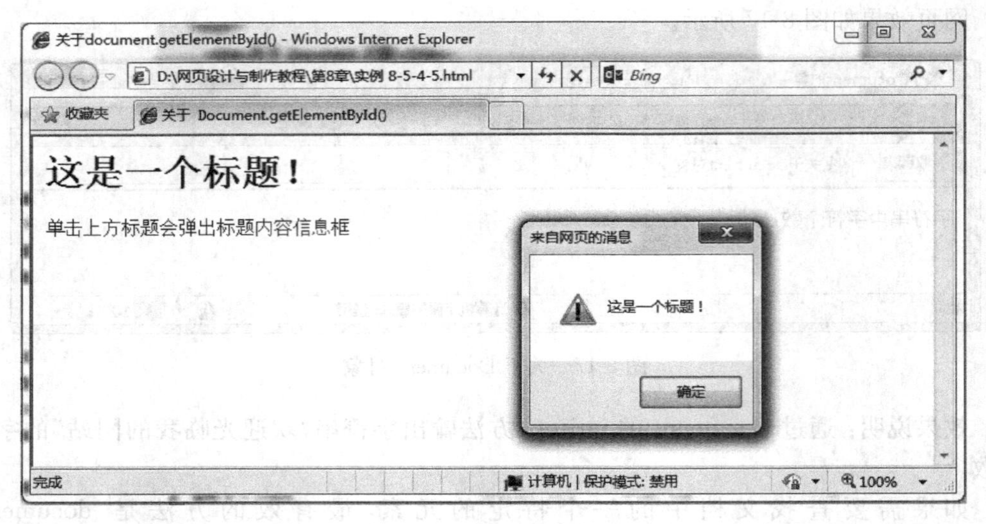

图 8-18　关于 Document. getElementById()

5. History 对象

在 JavaScript 语言中，History 对象表示的是浏览的历史，它包含了浏览器以前浏览的网页的网络地址。常用方法如表 8-12 所示。

表 8-12　History 对象方法说明

方　法	说　　明
forward()	相当于浏览器工具栏上的“前进”按钮
back()	相当于浏览器工具栏上的“后退”按钮
go()	相当于浏览器工具栏上的“转到”按钮

实例 8-5-4-7 代码如下。

```
<html>
    <head>
    <title>关于 History 对象</title>
    </head>
    <script type="text/JavaScript" >
    function goBack()
      {
        Window.History.back()
      }
    function fwd()
      {
        Window.History.forward()
      }
```

```
    </script>
    </body>
    <input name="后退" type="button" value="后退" onclick="goBack()">
    <input name="前进" type="button" value="前进" onclick="fwd()">
    </body>
</html>
```

网页效果如图 8-19 所示。

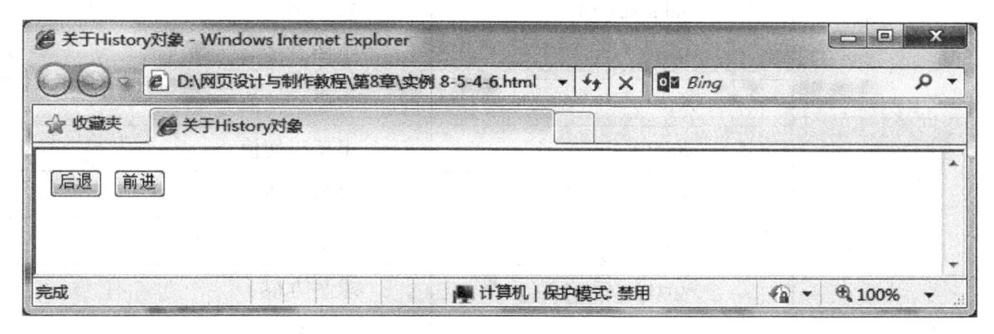

图 8-19 关于 History 对象

效果说明：在页面上创建“后退”按钮和“前进”按钮。

8.5.5 内置对象和方法

JavaScript 脚本语言，也提供了一些内置的对象，程序员可以利用这些对象以及对象的属性和方法更好地编程，提高程序开发效率。具体属性和方法如表 8-13 所示。

表 8-13 内置对象属性/方法说明

对　象	属性/方法	说　明
Date	getDate	显示当前日期
	getDay	显示当前是哪一天
	getHour	显示当前具体小时
	getMonth	显示当前月份
	getSeconds	显示当前具体秒
	setDay	设置当前的天数
	setHour	设置当前小时
	setMonth	设置当前月份
	setSeconds	设置当前的秒

续表

对　象	属性/方法	说　明
String	indexOF()	显示字符串位置
	charAT()	字符定位
	toLowerCase()	大写转换小写
	toUpperCase()	小写转换大写
	Substring()	求子串
Math	abs()	求绝对值
	acos()	求反余弦值
	atan()	求反正切值
	max()	求最大值
	min()	求最小值
	sqrt()	求平方根
Array		定义数组

8.6 事件概念

JavaScript 是基于对象的语言,基于对象的基本特征就是采用事件驱动(event-driven)。通常鼠标或热键的动作称为事件(event),而由鼠标或热键引发的一连串程序的动作称为事件驱动,而对事件进行处理的程序或函数称为事件处理程序(event handler)。

JavaScript 的主要事件如表 8-14 所示。

表 8-14　主要事件

事　件	说　明	事　件	说　明
onClick	鼠标单击事件	onUnload	卸载事件
onChange	文本框内容改变事件	onBlur	失焦事件
onSelect	文本框内容被选中事件	onMouseOver	鼠标移入事件
onFocus	聚焦	onMouseOut	鼠标移开事件
onLoad	装载事件		

8.6.1　鼠标单击事件 onClick

onClick 是一个鼠标单击事件,通常与按钮一起使用。在按钮上单击鼠标,就会发生该事件,同时 onClick 事件调用的程序就会被执行。

基本语法：

```
< input name="button" type="button" onclick="" value="">
```

语法说明：

在 HTML 文件中，onClick 事件常常与表单中的按钮一起使用。

实例 8-6-1 代码如下。

```
<html>
  <head>
  <title>鼠标单击事件 onClick </title>
  <script type="text/JavaScript">
    function displayDate()
    {
      document.myform.colok.value=Date();
    }
  </script>
  </head>
  <body>
  <form name="myform" action="">
    <input type="text" name="colok" size="48">
    <input type="button" name="button" onClick="displayDate()" value="点这
里"></button>
  </form>
  </body>
</html>
```

网页效果如图 8-20 所示。

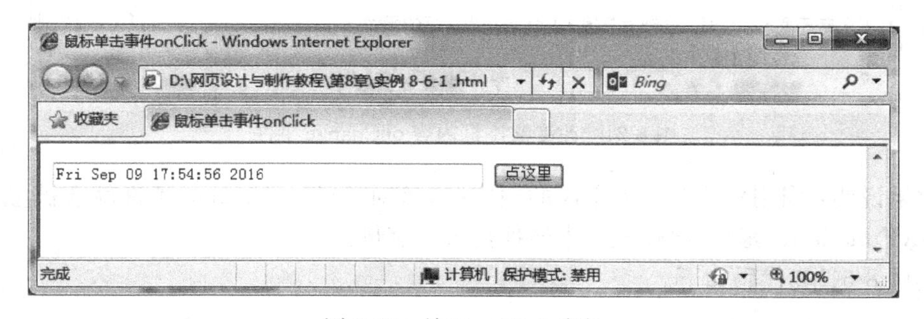

图 8-20　关于 onClick 事件

效果说明：单击“点这里”按钮，该对象的 onClick 事件就会被触发，调用 displayDate()函数，文本框内将显示当前日期和时间。

8.6.2　文本框或列表框内容改变事件 onChange

onChange 事件是通过改变文本框或列表框的内容来发生事件，当文本框或列表框内容发生改变时，onChange 事件调用的程序就会被执行。

实例 8-6-2-1 代码如下。

```
<html>
  <head>
      <title>改变文本框内容事件 onChange </title>
  <script type="text/javascript">
      function myFunction()
      {
        var x=document.getElementById("fname");
        x.value=x.value.toUpperCase();
      }
</script>
  </head>
  <body>
  请输入英文字符: <input type="text" id="fname" onchange="myFunction()">
  <p>当您离开输入字段时，会触发将输入文本转换为大写的函数。
  </body>
</html>
```

网页效果如图 8-21 所示。

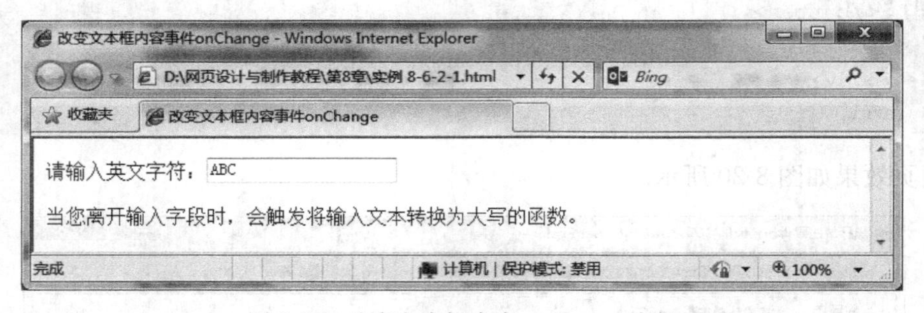

图 8-21　改变文本框内容 onChange 事件

效果说明：当用户改变输入字段的内容时，该对象的 onChange 事件就会被触发，会调用 myFunction()函数，将输入文本转换为大写字母。

实例 8-6-2-2 代码如下。

```
<html>
    <head>
        <title>改变列表框内容事件 onChange </title>
    <script type="text/javascript">
        function message()
          {
            alert("谢谢选择!");
          }
```

```
    </script>
    </head>
    <body>
        <form name="myform" action="">
        请选择自己的兴趣爱好：
        <select name="list" onChange="message()">
          <option>体育</option>
          <option>音乐</option>
          <option>摄影</option>
          <option>其他</option>
        </select>
      </form>
    </body>
</html>
```

网页效果如图 8-22 所示。

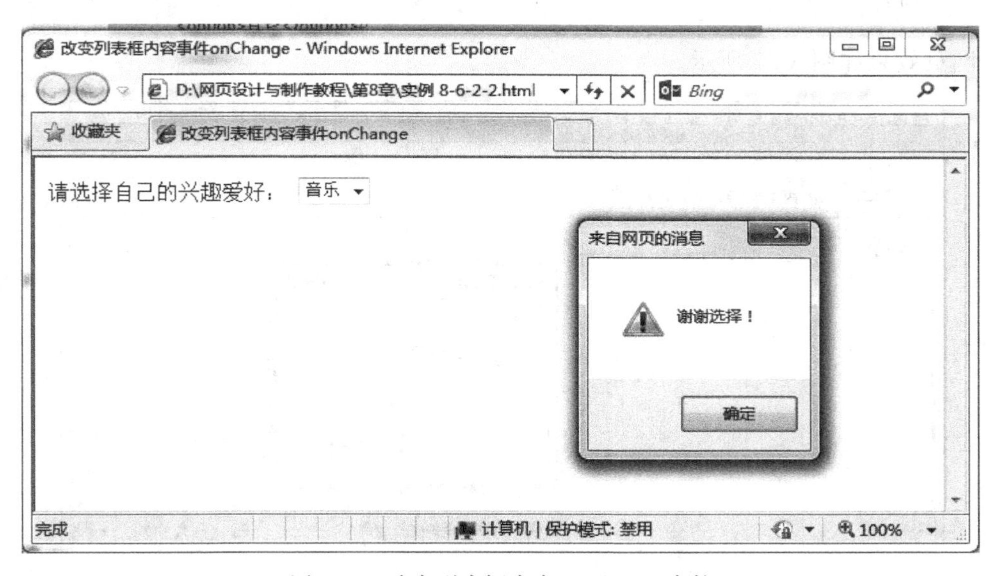

图 8-22　改变列表框内容 onChange 事件

效果说明：当列表框中的内容改变时，就会触发 onChange 事件，会调用 message()函数，弹出提示框"谢谢选择！"。

8.6.3　内容选中事件 onSelect

onSelect 事件是一个选中事件，当文本框或文本区域内的内容被选中时，onSelect 事件调用的程序就会被执行。

实例 8-6-3 代码如下。

```
<html>
  <head>
    <title>内容选中事件 onSelect </title>
    <script type="text/javascript">
      function message()
      {
        alert("您选中了某些字符!");
      }
    </script>
  </head>
  <body>
    <form name="myform" action="">
      <input type="text" name="text" size="20" value="您好!" onSelect="
message()">
    </form>
  </body>
</html>
```

网页效果如图 8-23 所示。

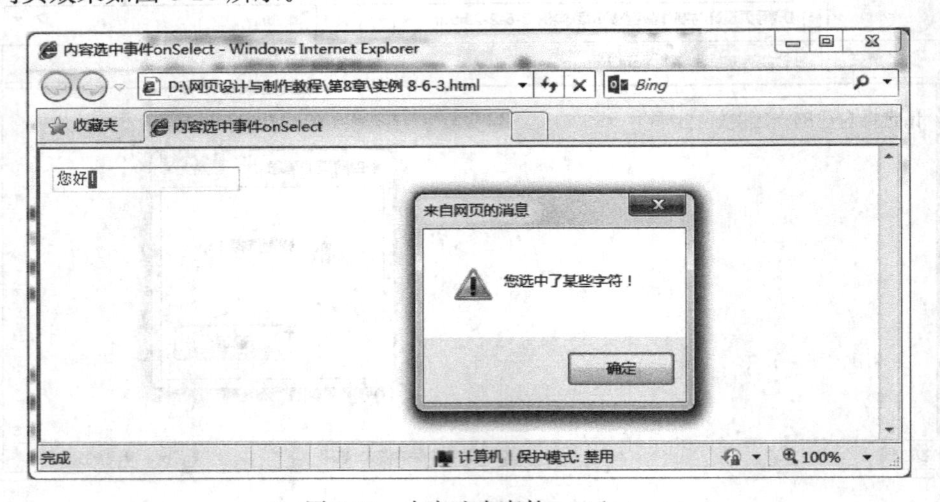

图 8-23　内容选中事件 onSelect

效果说明：当文本框中的文字被选中时，就会触发 onSelect 事件，会调用 message() 函数，弹出提示框“您选中了某些字符!”。

8.6.4　聚焦事件 onFocus

onFocus 事件是一个聚焦事件，当用户单击 text 对象或 textarea 对象以及 select 对象时产生该事件，onFocus 事件调用的程序就会被执行。

实例 8-6-4 代码如下。

```
<html>
  <head>
    <title>聚焦事件 onFocus </title>
    <script type="text/javascript">
      function message()
      {
        alert("请选择自己的兴趣爱好：");
      }
    </script>
  </head>
  <body>
    <form name="myform" action="">
    请选择自己的兴趣爱好：
      <select name="list" onFocus="message()">
        <option>体育</option>
        <option>音乐</option>
        <option>摄影</option>
        <option>其他</option>
      </select>
    </form>
  </body>
</html>
```

网页效果如图 8-24 所示。

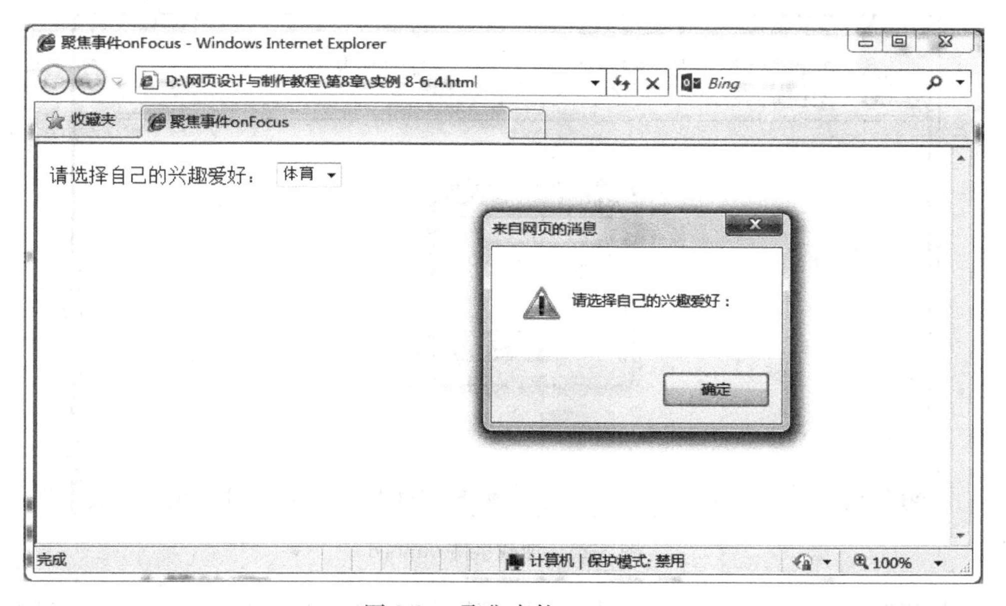

图 8-24　聚焦事件 onFocus

效果说明：当下拉列表得到焦点时，该对象的 onFocus 事件就会被触发，调用

message()函数，就弹出对话框“请选择自己的兴趣爱好：”。

8.6.5 加载事件 onLoad

onLoad 事件是一个加载事件，当页面加载之后时产生该事件，onLoad 事件调用的程序就会被执行。

实例 8-6-5 代码如下。

```
<html>
  <head>
    <title>加载事件 onLoad </title>
    <script type="text/javascript">
      function message()
      {
        alert("欢迎光临!")
      }
    </script>
  </head>
  <body onLoad="message()">
  </body>
</html>
```

网页效果如图 8-25 所示。

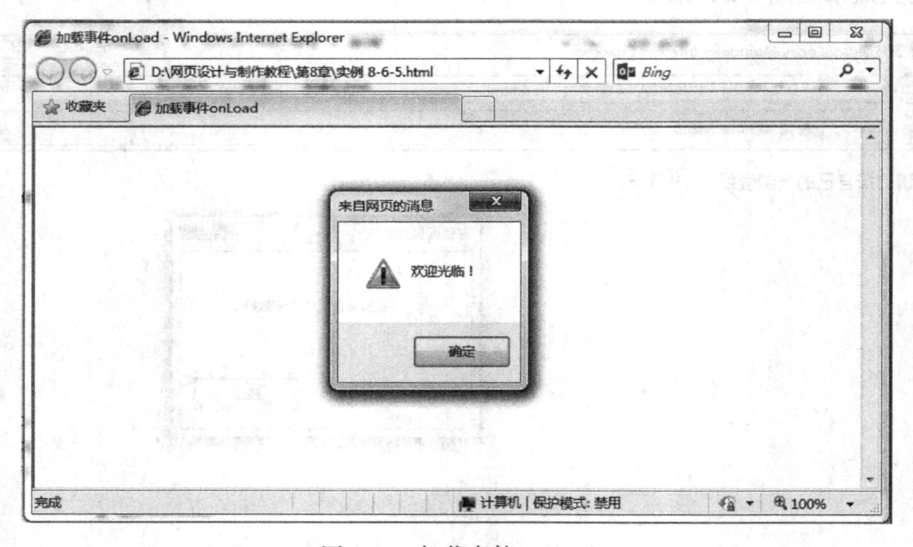

图 8-25 加载事件 onLoad

效果说明：加载一个新的页面时，onLoad 事件就会被触发，调用 message()函数，弹出对话框"欢迎光临!"。

8.6.6 卸载事件 onUnload

当 Web 页面退出时产生该事件，onUnload 事件调用的程序就会被执行。

实例 8-6-6 代码如下。

```
<html>
  <head>
  <title>卸载事件 onUnload</title>
    <script type="text/javascript">
      function message()
        {
          confirm("要退出此页面，请单击确定。")
        }
      </script>
  </head>
<body onUnload="message()">
</body>
</html>
```

网页效果如图 8-26 所示。

图 8-26 卸载事件 onUnload

效果说明：加载一个新的页面时，onUnload 事件就会被触发，调用 message()函数，弹出对话框“要退出此页面，请单击确定。”。

8.6.7 失焦事件 onBlur

onBlur 事件是一个失焦事件,与 onFocus 是相对事件。当网页中的对象失去焦点的时候,触发 onblur 事件,onBlur 事件调用的程序就会被执行。

实例 8-6-7 代码如下。

```
<html>
    <head>
        <title>失焦事件 onBlur</title>
        <script type="text/javascript">
          function message(){
          alert("请确定已输入密码后,再移开!"); }
        </script>
    </head>
    <body>
        <form>
          用户:<input name="username" type="text" value="请输入用户名!">
          密码:<input name="password" type="text" value="请输入密码!
          "onblur="message()">
        </form>
    </body>
</html>
```

网页效果如图 8-27 所示。

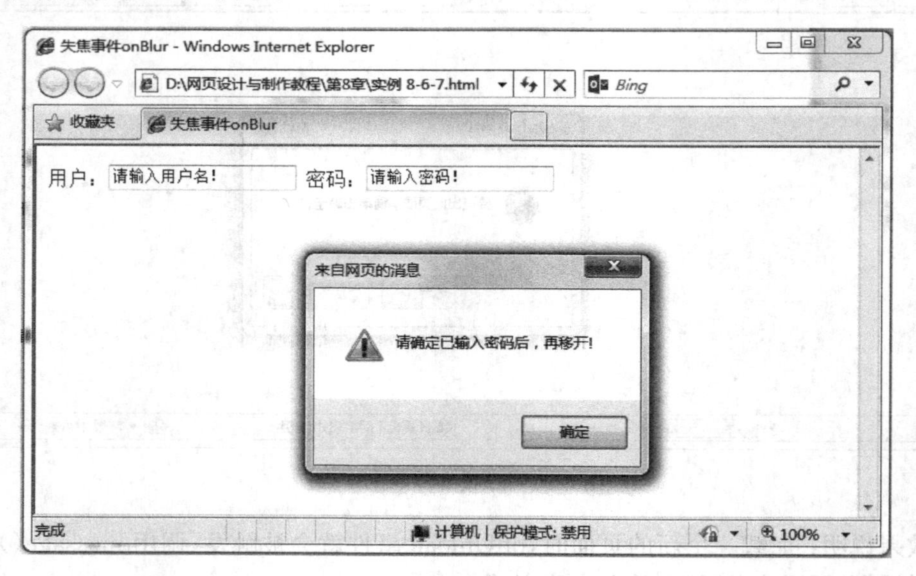

图 8-27 失焦事件 onBlur

效果说明：加载一个新的页面时，onLoad 事件就会被触发，调用 message()函数，弹出对话框“请确定已输入密码后，再移开!”。

8.6.8 鼠标移入事件 onMouseOver

onMouseOver 事件是一个鼠标事件，当鼠标移动到一个对象上时，onMouseOver 事件调用的程序就会被执行。

实例 8-6-8 代码如下。

```
<html>
  <head>
    <title>鼠标移入事件 onMouseOver</title>
    <script type="text/javascript">
    function displayResult()
    {
      document.getElementById("p1").style.color="blue";
    }
    </script>
    </head>
    <body>
    <p id="p1" onMouseOver="displayResult()">请把鼠标移到这段文本上。
    <br>
    </body>
</html>
```

网页效果如图 8-28 所示。

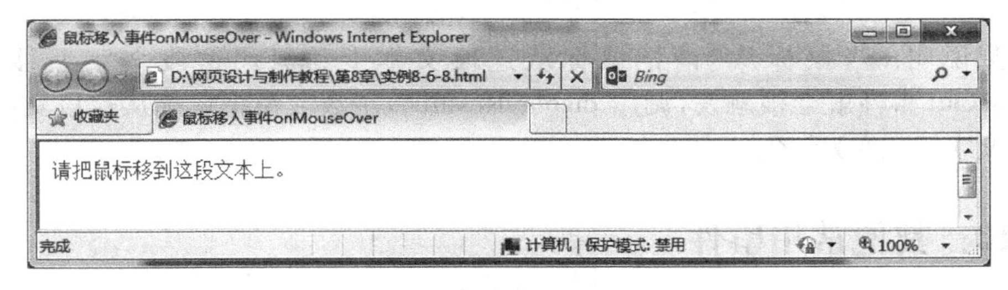

图 8-28　鼠标事件 onMouseOver

效果说明：当鼠标放到“请把鼠标移到这段文本上。”时，onMouseOver 事件就会被触发，调用 displayResult()函数，“请把鼠标移到这段文本上。”的文字颜色变为蓝色。

8.6.9 鼠标移开事件 onMouseOut

onMouseOut 事件是一个鼠标事件，当鼠标移开当前对象时，onMouseOut 事件调用的程序就会被执行。

实例 8-6-9 代码如下。

```
<html>
    <head>
    <title>鼠标移开事件 onMouseOut</title>
    <script type="text/javascript">
function displayResult()
{
document.getElementById("p1").style.color="red";
}
</script>
</head>
<body>
<p id="p1" onMouseOut="displayResult()">请把鼠标从这段文本上移开。
</body>
</html>
```

网页效果如图 8-29 所示。

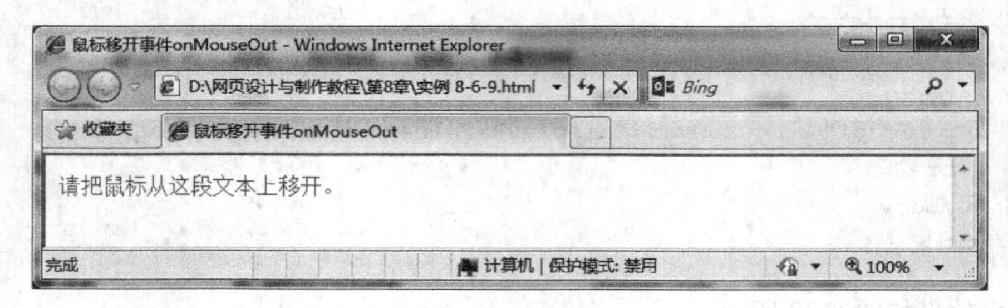

图 8-29　鼠标移开事件 onMouseOut

效果说明：当鼠标从“请把鼠标从这段文本上移开。”这段文字上移开时，onMouseOut 事件就会被触发，调用 displayResult()函数，“请把鼠标从这段文本上移开。”的文字颜色变为红色。

8.6.10　其他常用事件

JavaScript 脚本语言还提供了其他一些常用事件，给网页开发者带来的更多的方便。其他常用事件如表 8-15 所示。

表 8-15　其他常用事件

事　件	分　析
onDbclick 事件	鼠标双击事件
onMouseDown 事件	鼠标按下事件
onMouseUp 事件	鼠标弹起事件

续表

事　　件	分　　析
onMouseMove 事件	鼠标移动事件
onKeyPress 事件	键盘输入事件
onMove 事件	窗口移动事件
onScroll 事件	滚动条移动事件
onReset 事件	表单中重置按钮事件
onSubmit 事件	表单中提交按钮事件
onCopy 事件	页面内容复制事件
onPaste 事件	页面内容粘贴事件
onRowDelect 事件	当前数据记录删除事件
onRowInserted 事件	当前数据记录插入事件
onHelp 事件	打开帮助文件触发事件

8.7　综合应用实例

实例 8-7 代码如下。

```
<html>
  <head><title>JavaScript 的实际应用</title></head>
  <script type="text/javascript">
    var aa=new Array("教材","工具书","文学艺术");
    var bb=new Array("厨房电器","大家电","生活电器","个人护理");
    var cc=new Array("地方特产","休闲零食","生鲜食品");
    function swapOptions(the_array_name,the_select)
  {
    if (the_array_name=="图书")
    {
    for(loop=0;loop<aa.length;loop++)
      {the_select.options[loop]=new Option(aa[loop])}
        while(the_select.options[loop]! =null)
        the_select.options[loop]=null
      }
    if (the_array_name=="家用电器")
      {
        for(loop=0;loop<bb.length;loop++)
        {the_select.options[loop]=new Option(bb[loop])}
          while(the_select.options[loop]!=null)
          the_select.options[loop]=null
        }
```

```
    if (the_array_name=="食品")
      {
        for(loop=0;loop<cc.length;loop++)
        {the_select.options[loop]=new Option(cc[loop])}
        while(the_select.options[loop] !=null)
          the_select.options[loop]=null
      }
    }
    function checkall()
      {
        if(document.myform.c4.checked==true)
        {
        //设置 checked 属性
        document.myform.c1.checked=true;
        document.myform.c2.checked=true;
        document.myform.c3.checked=true;
        }
      else
        {
        document.myform.c1.checked=false;
        document.myform.c2.checked=false;
        document.myform.c3.checked=false;
        }
      }
    var msg="欢迎光临网上商城";
    var interval=100;
    var seq=0;
    function Scroll()
      {
        len=msg.length;
        window.status=msg.substring(0,seq+1);
        seq++;
        if (seq <len)
          window.setTimeout("Scroll();",interval );
        }
</script>
  <body style="background-color:aliceblue" onLoad="Scroll()">
    <form method="# " action="# " name="myform">
    <table>
      <tr><td><h2 align=center>欢迎光临网上商城</h2><hr></tr></td>
      <tr><td>您的姓名:<input type="text" name="text1" size="10"></tr>
      </td>
      <tr><td>电子邮件:<input type="text" name="email" size="20"></tr>
      </td>
```

```
<tr><td>您认为网上商城的最大特色是：</tr></td>
<tr><td><input type="checkbox" name="c1" value="1">价格便宜
    <input type="checkbox" name="c2" value="2">种类齐全
    <input type="checkbox" name="c3" value="3">送货及时</tr></td>
<tr><td><input type="checkbox" name="c4" value="4"
onclick="checkall()">以上全选</tr></td>
<tr><td>您还想继续网上购物吗？
  <input type=radio name=r value=yes checked>是
  <input type=radio name=r value=no>否
<tr><td>您在网上的购物兴趣：<select size=1 name="category" onChange=
"swapOptions(document.myform.category.options[selectedIndex].text,
document.myform.list);">
<option selected>图书</option>
<option>家用电器</option>
<option>食品</option>
</select>
<select size=1 name="list" >
<option selected >教材</option>
<option>工具书</option>
<option>文学艺术</option>
</select></tr></td>
<tr><td>请写下您的宝贵意见：</tr></td>
<tr><td><textarea rows="6" cols="40" name="tt" ></textarea></tr></td>
<tr><td><input type=submit value=" 提交 ">
    <input type=reset value=" 重写 "></tr></td>
</table>
</form>
</body>
</html>
<body style="background-color:aliceblue" onLoad="Scroll()">
<form method="# " action="# " name="myform">
<table>
<tr><td><h2 align=center>欢迎光临网上商城</h2><hr></td></tr>
<tr><td>您的姓名：<input type="text" name="text1" size="10"></td>
</tr>
<tr><td>电子邮件：<input type="text" name="email" size="15"></td>
</tr>
<tr><td>您认为网上商城的最大特色是：</td></tr>
<tr><td><input type=checkbox name="c1" value="1">价格便宜
    <input type=checkbox name="c2" value="2">种类齐全
    <input type=checkbox name="c3" value="3">送货及时
    <input type=checkbox name="c4" value="4" onclick="checkall()">
    全选
</td></tr>
<tr><td>您还想继续网上购物吗？
```

```
        <input type=radio name="r" value="yes" checked>是
        <input type=radio name="r" value="no">否</td></tr>
    <tr><td>您在网上的购物兴趣:
    <select name="category" size="1" onChange=
    "swapoptions(document.
    myform.category.options[selectedIndex].text);">
      <option selected>图书</option>
      <option>家用电器</option>
      <option>食品</option>
    </select>
    <select name="list" size="1">
      <option selected>教材</option>
      <option>工具书</option>
      <option>文学艺术</option>
    </select></td></tr>
   <tr><td>请写下您的意见: </td></tr>
   <tr><td>
   <textarea rows="6" cols="40" name="tt"></textarea>
   <tr><td><input type=submit va ue="  提交  ">
        <input type=reset value="  重写  "></td></tr>
   </form>
  </table>
  </body>
</html>
```

网页效果如图 8-30 所示。

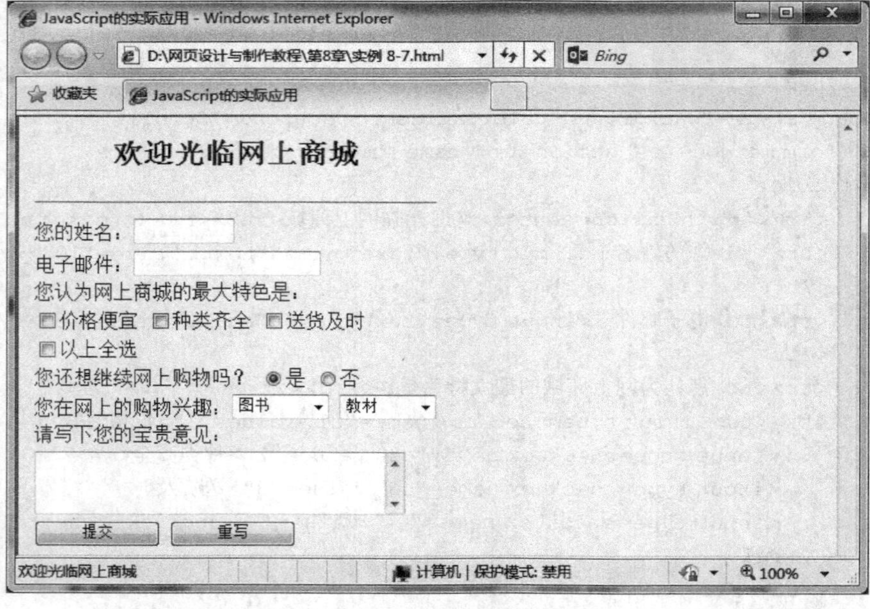

图 8-30　JavaScript 的实际应用